农田生态系统 CO_2 交换量的变异机制

包雪艳　著

東北林業大學出版社
Northeast Forestry University Press
·哈尔滨·

图书在版编目（CIP）数据

农田生态系统 CO_2 交换量的变异机制／包雪艳著．—哈尔滨：东北林业大学出版社，2024.3

ISBN 978－7－5674－3490－5

Ⅰ.①农…　Ⅱ.①包…　Ⅲ.①农田－农业生态系统－碳循环－研究　Ⅳ.①S181.6

中国国家版本馆 CIP 数据核字（2024）第 063647 号

责任编辑：刘　晓
封面设计：骏图工作室
出版发行：东北林业大学出版社
（哈尔滨市香坊区哈平六道街 6 号　邮编：150040）
印　　装：三河市悦鑫印务有限公司
开　　本：787 mm×1092 mm　1/16
印　　张：5.5
字　　数：90 千字
版　　次：2024 年 3 月第 1 版
印　　次：2024 年 3 月第 1 次印刷
书　　号：978－7－5674－3490－5
定　　价：58.00 元

前　言

以气候变暖为主要标志的全球气候变化已受到社会各界的广泛关注。如何减少CO_2排放和缓解温室效应是各国政府间探讨的热点问题。研究表明，陆地生态系统在碳汇方面发挥了重要作用。陆地生态系统的碳汇功能基本上抵消了学术界热议的“碳失汇”，因此有效地缓解了气候变暖。

农田生态系统是人类赖以生存与持续发展的生命支持系统。从生态学角度看，农田生态系统是陆地生态系统重要的组成部分，也是陆地生态系统碳库中最活跃的部分。由于受到环境因素、生物因素的影响以及人类活动的干扰作用，单位时间内农田CO_2交换量（碳通量）会在不同时间尺度呈现显著的变异特征。理解农田生态系统CO_2交换量的变异机制有助于科学评估生态系统尺度和区域尺度农田生态系统收支，可为生态系统碳循环模型提供关键参数，从而为精确预测未来生态系统碳收支、提高农田碳蓄积能力、改善农田生态系统服务功能和制定碳中和生态环境政策提供坚实的理论依据。为了总结农田生态系统碳交换量的时间变异特征及其影响因子，作者撰写了《农田生态系统CO_2交换量的变异机制》一书。本书涵盖了农田碳收支的估算方法、农田碳通量的研究方法和技术手段，农田碳通量的日变异、季节变异和年际变异特征以及农田碳通量对环境、生物因素和农田管理措施的响应。在写作过程中，作者结合本人及所在课题组多年来取得的科研成果，在查阅大量国内外文献资料的基础上，力求全面展现目前农田碳通量变化机理方面的研究进展，以期为农业生态环境管理者和高等院校相关专业师生与科技人员提供理论参考。

由于作者水平有限，书中难免存在疏漏之处，敬请读者批评指正。

此书的出版得到了内蒙古民族大学博士启动基金项目（BS495）的支持，在此谨向资助部门表示感谢。

作　者

2023 年 10 月

目　录

第一章
气候变化与农田生态系统碳循环

第一节　气候变化与陆地生态系统碳循环

一、气候变化

以气候变暖为标志的全球气候变化已引起各国政府、科学家及公众的强烈关注。由于人类活动的影响，从1750年到2000年，大气中的CO_2浓度已从2.8×10^{-4}增加到了3.68×10^{-4}，增长了约31%。现阶段的浓度是过去42万年中最高的（朴世龙等，2022）。据估计，近百年全球平均气温上升了0.4～0.8 ℃，最近20年已成为自1860年以来最暖的时期。据政府间气候变化委员会（IPCC）第五次评估报告推测，在未来的100年内大气中温室气体浓度将继续增加，会导致全球平均气温升高1.4～5.8 ℃（沈永平和王国亚，2013）。如果这个估计是正确的，未来的全球变暖将导致地球气候系统的深刻变化，海平面将显著上升，降水时空分布明显异常，生物圈、水圈和冰冻圈等将出现不同程度的改变，进而影响人类与生态、环境系统之间业已建立起来的相互适应关系（任国玉，2002）。

近40年来，国际科学界先后发起了世界气候研究计划，这些计划包括国际地圈-生物圈计划、全球环境变化的人类因素国际计划等大型国际研究计划与活动。这些计划研究的核心问题是长时间尺度研究气候变化的物理、化学和生物学过程及其未来变化趋势，探寻气候变化对人类生存环境的影响及其对策。目前，国际全球变化的重大研究计划准备发起新的联合计划，包括全球碳循环计划，全球水循环联合计划，全球环境变化和粮食系统。其中，全球碳循环计划的目标是理解陆地生态系统碳汇和碳源的分布和强度，探讨人类活动如土地利用方式的转变和土壤覆盖变化对碳收支的影响，以便预测未来大气 CO_2 浓度的变化趋势（任国玉，2002）。建立在这些大型国际计划基础之上，IPCC 负责对全球变化的科研成果进行总结和评价，至今已出版了 IPCC 第五次评估报告。与此同时，世界不同国家纷纷制定了本国的气候变化评估计划和方案。例如，美国开展了大型的长期的国家全球变化研究计划，重点是研究年际到世纪尺度气候变化情况。德国环境部把温室效应和气候变化作为优先研究内容。日本的研究计划则是重点探讨温室气体与气候变化，气候变化对陆地生态系统的影响，耦合气候模型模拟等（王绍武和龚道溢，2001）。

自20世纪90年代以来，国际上在气候变化的领域方面已取得了一系列成果。如进一步肯定了全球变暖和主要温室气体浓度显著增加的基本事实；对陆地生态系统在全球碳循环中的作用有了新的认知；在先前的气候变化记录中发现了气候快速变化的证据；初步认定了20世纪以来的全球变暖与人类活动所引起的温室气候浓度增加有关；认识到包括物理、化学、生物和人类几个部分在内的地球系统是一个统一的有机的整体，具有自我调节和反馈功能，并具有多尺度的时空变异特征；地球气候系统动力学具有关键临界值和突变性，因此人类活动有可能会触发气候系统的突变，对地球环境和人类产生严重的后果等（王绍武和龚道溢，2001）。由于气候变化存在一定的不确定性，为了推进全球气候变化研究科学的发展，未来研究的任务和内容则是需要对气候系统进行立体监测和古气候时期的气候重建；需要对过去不同时间尺度气候变化的自然和人为原因进行可行的识别；需要增强对温室气体和气溶胶时空演变的观测；加强对极端天气、气候事件及其气候突变事件的研究；研究更准确的未来区域气候情景，发展与改善影响评价模型（任国玉，2002）。

我国对气候变化及其影响与适应对策的研究也一直比较重视。近些年来，我国已经建立了比较完善的生态系统观测网络，建立了区域大气本底观测及其环境监测试验网络，包括基本气象观测站、辐射观测站、高空探测站、雷达站等，并积累了连续多年的气象观测资料（刘畅等，2018）。近 20 年来，我国开展了全球气候变化的若干重大国家科技项目，如国家公关项目“全球气候变化预测、影响和对策研究”，国家攀登计划项目“我国未来 50 年生存环境变化趋势和预测研究”，基金委重大项目“中国气候与海平面变化及其趋势和影响的研究”，中国科学院重大项目“中国陆地和近海生态系统碳收支研究”等。目前，我国的气候变化研究与发达国家相比还存在一定的差距。主要表现在，缺乏长期的战略规划和充足的资金投入，尚未发展自己的长期气候变化趋势监测和预测系统，缺乏高水平的人才研究队伍和尚缺少国家级的综合性的跨学科的全球气候变化研究中心（秦大河等，2005）。

二、陆地生态系统碳循环过程

1. 全球碳库

全球气候变化与全球碳库密切相关。地球上主要有四大碳库，分别为大气碳库，海洋碳库，陆地生态系统碳库和岩石圈碳库（陶波等，2001）。碳主要以 CO_2 和 CH_4 等气体形式存在于大气中，以碳酸根离子存在于水中，以碳酸盐形式存在于岩石圈中，以有机物或无机物的形式存在于植被和土壤中（陶波等，2001）。大气碳库的大小约为 720 Gt 的碳（$1\ Gt=1\times10^{15}\ g$）。海洋也具有储存和吸收大气

中 CO_2 的能力，其可溶性无机碳的含量约为 37 400 Gt，为大气中含碳量的 50 倍之多（Dixon 等，1994）。陆地生态系统碳库约为 2 000 Gt，其中土壤有机碳库蓄积的碳量约是植被碳库的 2 倍。陆地生态系统是一个植被－土壤－气候相互作用的复杂系统，是全球碳循环中受人类活力影响最大的部分。陆地生态系统碳蓄积主要发生在森林地区，余下的部分主要蓄积在耕地、湿地、冻原、高山草原中。从不同气候带来看，全球约 50％以上的碳和约 25％的土壤有机碳储存在热带森林和草原生态系统（Joos 等，1999）。岩石圈碳库是四大碳库中最大的碳库，碳储量约为 6×10^6 Gt。海洋碳库中的碳在海中的周转时间较长，约为千年尺度，基本上不受人类活动的影响。岩石圈中碳的周转时间极长，约在百万年以上（Dixon 等，1994）。

2. 全球碳平衡

根据物质守恒定律，全球碳排放量和吸收量应该是相互平衡的。然而据资料统计，1850～1998 年，因人类活动（化石燃料燃烧和水泥生产）造成的碳排放量为（270±30）Gt，因土地利用变化造成的碳排放量为（136±55）Gt，在这些碳排放量中，有（176＋10）Gt 的碳留在了大气中，有（120±50）Gt 的碳被海洋吸收，剩余的碳则去向不明，这就是学术界公认的“碳失汇”（Siegenthaler 和 Sarmiento，1993）。对于“碳失汇”，从全球范围内的南北半球的年平均 CO_2 浓度记录来看，尽管 95％的化石燃料的燃烧都在北半球，但南半球的年平均 CO_2 浓度高于北半球，且这一差异随着化石燃料的燃烧排放量的增加而增加，说明北半球一定有未知的碳汇。一些学者认为，这一碳汇可能主要分布在北半球的中纬度地区和热带地区（Ciais 等，1995；Tans 等，1990），还有学者则认为热带陆地生态系统的碳基本平衡。因此，目前学术界对未知碳汇的具体位置及强度仍存在争议（Dixon 等，1994；Keeling 等，1996）。对于“未知碳汇”形成的原因学界有几种猜测，可能是由于 CO_2 施肥效应形成的（Thompson 等，1996；Tian 等，1999），也有可能是因为森林再生、氮沉积、降水格局的变化（Gifford 等，2000）以及物种及植被分布的变化和生物多样性的丧失等（Cao 和 Woodward，1998）。

3. 陆地生态系统碳循环的基本过程

虽然全球碳主要以CO_2、CH_4、CO和碳酸根离子等形式存在于大气圈、水圈、生物圈以及岩石圈中，但是在学术上，陆地生态系统碳循环主要是指陆地植被的光合作用所驱动的循环过程。陆地上的植物通过光合同化作用吸收大气中的CO_2，将无机碳转变成有机碳，储存在植物体内。其中一部分碳水化合物通过自养呼吸和异养呼吸（土壤中植被残体分解）返回到大气中，从而形成了大气—植被—土壤—大气整个陆地生态系统碳循环系统。在这个循环中，植被通过光合作用同化CO_2形成生态系统总初级生产力（GPP），GPP减去植物自养呼吸为净初级生产力（NPP），进一步减去异养呼吸就是净生态系统生产力（NEP）。还有一些总生产力的损失是由各种扰动，如水灾、风灾以及人类活动造成的。NEP减去各种扰动造成的碳排放就是净生物群系生产力（NBP）（陶波等，2001）。据估算，1989～1998年，全球GPP的平均值约为120 Gt C·yr^{-1}，全球NPP的平均值约为60 Gt C·yr^{-1}，全球NEP的平均值约为10 Gt C·yr^{-1}，全球NBP的平均值约为0.7 Gt C·yr^{-1}（Watson和Verardo）。

从全球碳平衡角度来看，陆地生态系统是一个潜在的碳汇，但不同类型植被对CO_2浓度升高的响应机制是不同的。例如，对于C3植物，其光合作用和生长发育会随着CO_2浓度的升高而增强和加快；对于C4植物，由于细胞结构和光合系统的独特性，其光合速率在目前的CO_2浓度下已经趋于饱和（Dixon等，1994）。所以，陆地生态系统碳汇能力应该是由强变弱的（Fung，2000）。从长远来看，所有NPP都会成为死生物量被土壤微生物分解或因人类的扰动而返回大气碳库中（黄萍和黄春长，2000）。

第二节　农田生态系统碳循环

农田生态系统是人类赖以生存与持续发展的生命支持系统，是整个国家发展的基础。全球农田总面积约为陆地总面积（5.0×10^9 hm^2）的 40%，其中可耕地面积约占 30%（FAO，2007）。我国的农田总面积约为 1 411 000 km^2，占国土总面积的 18.6%，仅次于草地（31.3%）和森林（23.9%）（Lei 和 Yang，2010），并跨越温带、亚热带和热带气候区。在 40°N 以北，主要以旱田为主，其种植制度多为一年一熟制，在 40°N 以南，以水田为主，种植制度多为一年多熟制。水稻、小麦、玉米是我国三大粮食作物，总种植面积占我国农田总播种面积的 54%，产量占我国总粮食产量的 89%（刘昱等，2015）。农田生态系统是陆地生态系统的重要组成部分，也是陆地生态系统碳库中最活跃的部分，因此对农田生态系统碳循环的正确认识可为全球气候变化和国际碳水循环研究提供科学理论依据，有利于科学认识和评价作物生产力水平和水分利用效率。

一、农田生态系统碳循环特征

受到种植制度、耕作方式、土壤性质等多种因素的影响和制约，农田生态系统碳循环过程较自然生态系统更加复杂。农田生态系统碳循环是围绕植被和土壤碳库进行碳输入与碳输出的。如图 1-1 所示，对于植被碳库而言，光合同化作用是碳的最重要的输入方式，植物的呼吸作用、作物收获和生物能源利用是最主要的碳输出过程。此外，植被碳库还可通过作物残存物还田进入土壤碳库（图 1-1）。对于土壤碳库，输入的碳包括作物秸秆、各种有机肥，碳输出主要包括土壤呼吸作用（刘昱等，2015）。土壤碳库可分为活性碳库、缓效碳库和惰性碳库。其中，活性碳库指在一定的条件下，易溶解、易氧化、移动速率较快的有机碳，主要包括糖类、氨基酸和大部分有机碎屑等。缓效碳库是难分解的植物残体和较稳定的微生物等，对土壤微生物的降解有一定的抵抗能力。惰性碳库理化性质都相对稳定，对土壤微生物降解有较强的抵抗能力，能长时间存在于土壤中，包括非亲水性有机物、与黏粒矿物结合的有机酸复合体等（Palm 等，2014；Wiesmeier 等，2014）。

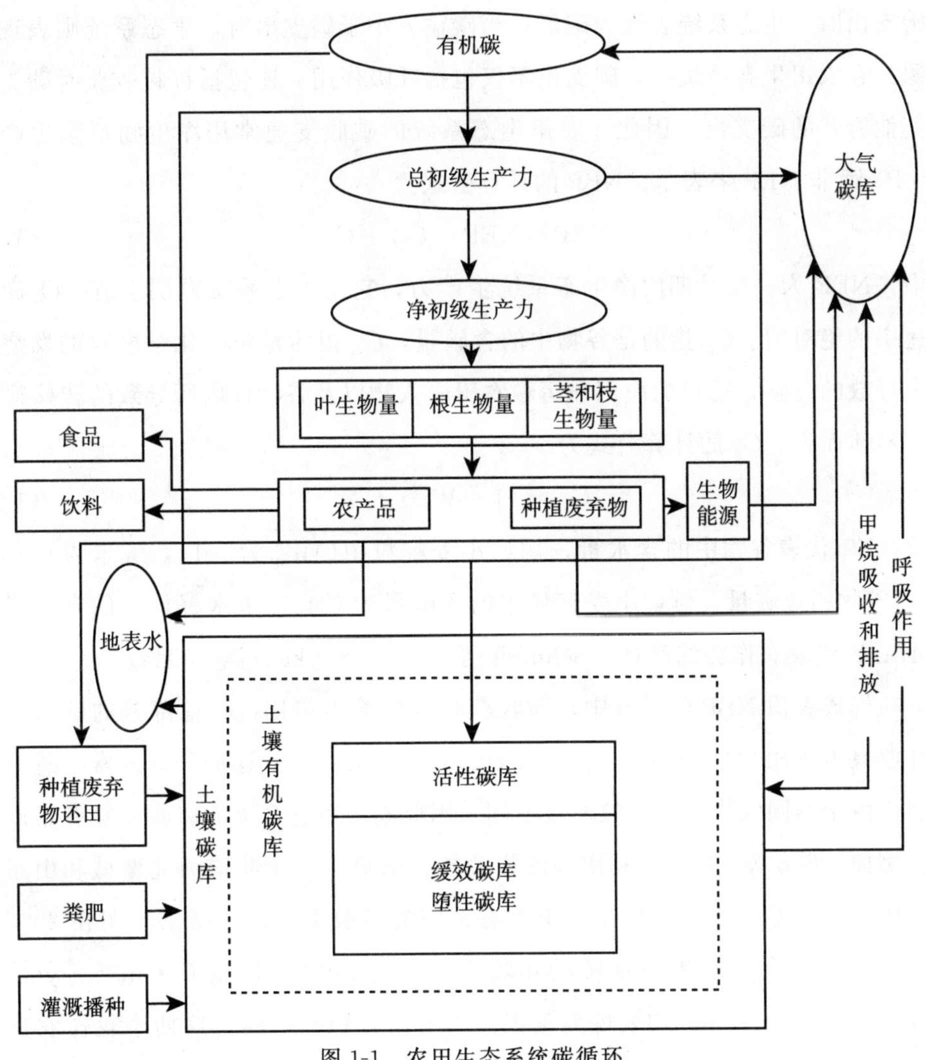

图 1-1　农田生态系统碳循环

二、农田生态系统碳收支评估

生态系统碳收支是指生态系统碳输入和碳支出之间的平衡结果。当碳输入大于碳支出时，生态系统表现为碳汇；当碳输入小于碳支出时，生态系统则表现为碳源。在农田生态系统中，碳支出不仅包括呼吸作用，还包括籽粒收获时碳支出和其他方式的碳支出。因此，农田生态系统的碳收支通常用净生物群系生产力（NBP）而非 NEP 来表示。NBP 的计算公式为

$$NBP = NEP - C_{gr} + C_{ag} \tag{1-1}$$

其中，NEP 为一定时期内净生态系统生产力，它是生态系统冠层上方 CO_2 净交换速率的绝对值。C_{gr} 指的是谷物中的含碳量，C_{ag} 指的是包括化学燃料的燃烧过程中释放的总碳，肥料的应用和运输农田输入物以及谷物在内所导致的转移碳。

具体而言，C_{gr} 的计算公式为

$$C_{gr} = (1 - W_{gr})\, f_C Y \tag{1-2}$$

其中，W_{gr} 代表谷物中的含水量，例如小麦籽粒中的 W_{gr} 为 0.14，玉米为 0.155；f_C 指谷物的含碳量，例如小麦籽粒中的含碳量为 0.45，玉米籽粒中的含碳量为 0.447；Y 代表农作物的产量（Schmidt 等，2012；Suyker 等，2004a）。

在构成农田 NBP 的组分中，与收获时碳的输出相比，其他部分的碳的输入或排放只占 NBP 的一小部分（Bernacchi 等，2005），因此这部分碳通常是忽略不计的。由于不同农作物的籽粒产量不同，因此农田生态系统的碳收支具有不确定性。例如，Bao 等（2014）利用涡度相关技术估算了位于我国河北栾城和山东禹城的典型冬小麦—夏玉米轮作农田生态系统的碳收支情况，结果表明在 2003～2012 年，这两个农田生态系统的年均 NEP 分别约为 475 $g\ C \cdot m^{-2} \cdot yr^{-1}$ 和 13.0 $g\ C \cdot m^{-2} \cdot yr^{-1}$，均表现为碳汇。当考虑籽粒收获时，这两个轮作农田则转变为碳源（NBP<0）。还有一些研究认为在收获籽粒后，农田生态系统由碳汇转变为了碳中性（$NBP \approx 0\ g\ C \cdot m^{-2} \cdot yr^{-1}$）（Barr 等，2002；Hollinger 等，2005；Lei 和 Yang，2009）。由此可见，人类活动的干扰会使农田生态系统的碳

汇功能发生变化。然而，倘若采取科学的农业管理手段，农田生态系统的固碳潜力就会增加（Hutchinson 等，2007）。一项研究表明，如果全美的玉米大豆农田的耕作方式从传统模式向免少耕模式转变，那么全美的大豆玉米轮作农田将会从碳源转变成为一个很大的碳汇，从而可抵消美国总碳排放的 2%（Bernacchi 等，2005）。20 世纪 80～90 年代，中国陆地生态系统平均每年净吸收 1.9 亿～2.6 亿 t C，相当于抵消此间中国工业源 CO_2 排放总量的 28%～37%，其中农作物产量的提高和秸秆还田的增加等农田管理措施是导致陆地生态系统碳汇功能增加的重要原因（朴世龙等，2010）。

第二章

农田生态系统 CO_2 交换量的研究方法

农田生态系统是陆地生态系统的重要组成部分。准确评估农田生态系统碳收支及其变化规律已成为全球变化研究的重要内容之一。对于农田生态系统，净生态系统生产力（NEP）是构成净生物群系生产力（NBP）的重要组成成分，也是影响农田碳收支的关键因素，因此要想深入了解农田生态系统碳循环和精确估算农田生态系统碳收支，首先要准确估算农田 NEP 的大小。NEP 在数值上等于单位时间内生态系统冠层上方的净 CO_2 交换量（net ecosystem exchange，NEE，NEP＝－NEP）（以下简称净碳通量）。由于生态系统净碳通量是生态系统总光合作用和呼吸作用相互平衡的结果，因此 NEE 包含生态系统总 CO_2 交换量（gross ecosystem exchange，GEE，总光合作用）和生态系统总呼吸作用（ecosystem respiration，RE）两个组分。故生态系统碳通量包括 NEE、GEE 和 RE。GEE 在数值上等于总生态系统初级生产力（GEP）和生态系统初级生产力（GPP），GEE＝－GEP 或 GPP。

第一节 农田生态系统碳通量研究方法

一、观测技术

1. 清单法

清单法是测定大气－植被间碳交换通量及其组分的一种传统方法。在农田生态系统地区选取典型的样点，对不同时间段的碳交换过程的各个基本量或组分如光合作用、自养呼吸、土壤微生物呼吸、凋落物量等进行观测和调查，以确定生态系统碳通量（陶波等，2001）。通过这种方法还可以得到生态系统因各种原因所导致的碳储量的估算，这些原因包括温度、降水的变化、CO_2施肥效应、氮沉降以及土地利用方式的变化等（Houghton，1996）。清单法往往需要大量的人力和财力的投入，且观测周期长，通常需要几年到数十年的数据积累才能观测到生态系统植被和土壤含碳量的变化，因此，该方法很难在短时期内捕捉环境变化的信息，因而无法分析生态系统碳通量对环境变化响应的生理生态学机制（于贵瑞等，2006）。

2. 箱式法

箱式法可以分为静态箱法和动态箱法。静态箱法是在一定时间内将箱体置于植被之上，测定结束后将箱体移开。动态箱法则是在测定后，箱体上部可以自动打开，使箱内的环境与外界保持一致，不必移走箱体（于贵瑞等，2004）。静态箱移动方便，成本较低，但不能进行连续测定。动态箱虽然能够实现长期和连续观测，但仪器组成较为复杂，观测成本也较高。该方法还会显著改变植物周围的微气候环境，测定结果很难反映真实情况（于贵瑞等，2006）。此外，尽管箱式法对植被表面状态的要求不高，但其测量结果的外推的准确度受到怀疑。

3. 微气象学方法

(1) 涡度相关法

涡度相关技术是在流体力学和微气象学理论，以及气象观测仪器和计算机技术进步的带动下，近些年才得到广泛应用的。受科技发展水平的限制，在涡度相关系统出现以前，陆地生态系统碳通量观测发展十分缓慢。基于微气象理论的"通量梯度法"观测 CO_2 通量仅在少数研究中出现过（Inoue，1958）。直到红外气体分析仪和超声风速仪出现后，长期自动连续观测碳通量才成为可能。涡度相关系统的出现极大地促进了科学界对陆地生态系统与大气间碳水交换的认知（Baldocchi 等，2001；Falge 等，2001）。涡度相关法是基于雷诺平均和分解理论，利用反应灵敏的传感器和数据采集器在线计算物理量（CO_2、水汽和甲烷）浓度的脉动与垂直风速脉动的协方差来获取一定时间段内的生态系统冠层上方的湍流通量的方法（Baldocchi 等，2001）。涡度相关法的优点主要体现在：①能探测到空气中 CO_2等痕量气体浓度的微小变化，从而能更准确地测定生态系统的碳交换通量；②涡度相关法弥补了清单法、同化箱法和遥感观测等方法在时间上的不连续性等缺点，能够在短时间内采集大量高时间分辨率（小时尺度）的碳通量以及环境动态变化数据，有利于开展不同时间尺度上的碳通量的变异机制；③涡度相关法观测的通量具有相对较大的空间代表性（几百里到几千米），从而填补了航空/卫星观测与地面定点试验调查之间空间尺度的不匹配问题；④涡度相关法测定生态系统碳通量时，对生态系统下垫面植被和周围环境干扰最小（Baldocchi 等，2001）。然而，涡度相关法主要基于微气象学原理，不可避免地会受到观测缺失，下垫面和气象条件复杂，能量收支闭合度、观测仪器系统误差等因素影响，从而给碳通量估算带来一定的观测误差和代表性误差（朴世龙等，2022）。尽管如此，涡度相关法已得到了微气象学和生态学家的广泛认可，是生态系统尺度上观测大气一植被间碳水通的主要技术手段。涡度相关技术首次实现了对生态系统碳通量直接、连续和高分辨率测定，为改进和验证陆地生态系统碳循环模型、准确评价区域碳水收支的时空变化特征及其对气候环境、生物和人为活动的响应机制以及精确预测未来气候变化背景下生态系统碳收支动态提供了有力的数据支持。有关涡度相关观测系统的组成，涡度相关数据的采集和处理方法将在本章第二节做详细介绍。

(2) 空气动力学法

空气动力学法也叫作通量梯度法，它是利用空气动力学原理，通过测定植被群体两个高度的 CO_2 和 H_2O 浓度差来间接计算物理量通量。这种方法的一个重要用途是利用以往观测的常规气象观测资料估算当前生态系统碳交换量，在面临经济或观测环境等方面的限制时，可被视为涡度相关技术的替代方法（于贵瑞等，2004）。有研究对比分析了空气动力学法和涡度相关法的通量观测结果，发现尽管二者测定的 NEE 存在着偏差，但从总体上看，二者的吻合性较好，并利用历史的常规气象观测数据评价了 NEE 的长期变化特征，验证并补充了涡度相关的观测结果，从而发挥了常规观测数据的作用（Yamamoto 等，1999）。该技术对于裸地和低矮植被的通量观测较为准确，但对于组成较为复杂的群体而言，测定比较困难，尤其是当物理量浓度梯度很小时，空气动力学法可能无法应用（Baldocchi，2003）。

4. Bandpass Eddy Covariance 法

Bandpass Eddy Covariance (BP) 技术是一种对涡度相关仪器响应的修订，其目的是校正由于 CO_2 气体分析仪的响应时间慢，或者闭路系统物理量浓度衰减和分析仪及超声风速计的位置所引起的高频损失（于贵瑞等，2004）。Watanabe 等利用改进的 BP 技术（扩展 bandpass 频率谱带）测定了生态系统上方物质的湍流通量并与开路涡度相关观测数据进行了对比，结果表明二者具有很好的可比性，并认为这种改进的 BP 技术可以对生态系统碳通量进行长期观测（Watanabe 等，2000）。

5. 遥感观测

卫星在一组离散波段探测到的反射阳光通过一系列步骤转换为生态系统净初

生产力或总初级生产力的估算值（Running 等，2004；Yuan 等，2007）。首先，反射率数据会被转换为一系列植被指数，如归一化植被指数（NDVI）、光化学反射指数（PRI）或增强植被指数（EVI）（Gamon 等，2004；Ustin 等，2004）。接着，这些植被指数与光合有效辐射相结合，或被纳入某特定算法，以估算生态系统光能利用效率、总初级生产力和净初级生产力（Yuan 等，2007）。

一般来说，碳通量观测数据是与由 TERRA 和 AQUA 卫星上的中分辨率成像光谱仪（MODIS）的测量结果相互重合的（Running 等，2004）。一些指数，如 NDVI，在叶面积指数超过 3 时就会“饱和”（Myneni 等，2002）。衍生产品，如基于卫星的 F_A 估计，会在碳通量及其季节变异过程的评估方面存在显著的误差。这些误差的普遍性主要归因于与土壤湿度、水分亏缺和温度的胁迫是否被很好地量化（Leuning 等，2005；Xiao 等，2004）。还有研究表明，当把碳通量观测数据与 NDVI 和 PRI 的衍生数据相比较时，F_A 的估计值的精确度会得到提高（Nichol 等，2000）。

将卫星观测结果转换为碳通量的一个问题是代表性问题。卫星几乎是瞬间观察一个场景，然后得出日平均通量，并在目标时间序列进行必要的数据插补。Sims 等（2005）将一系列 FLUXNET 站点所测得的碳通量日积累值，与卫星在相同时间内所测得的数据进行了比较，发现这两个指标之间有很强的相关性，证明将基于卫星的测量替代碳通量观测是合理的（Baldocchi，2008）。

二、模型模拟

定量评价和分析区域生态系统碳收支及其控制机制是目前全球碳循环研究中的重要内容。虽然基于涡度相关技术的全球通量观测网络已取得重大进展，但通量观测结果仅代表有限空间的碳交换状况，加之生态系统空间格局的复杂性和多样性，很难通过通量观测结果的相加或平均来估算区域乃至全球尺度的生态系统碳收支。因此要想评估区域生态系统碳收支，有必要将通量观测数据进行研究尺度扩展。将通量数据扩展到更大的空间尺度主要有两种途径，一是不断增加通量观测塔的密度，并将其与精细的土地利用或植被覆盖方法相匹配和结合起来，通过空间插值法以估算区域生态系统碳通量。然而，这种方法不仅需要投入大量的人力和物力，而且在理论上不可能获取所有生态系统类型的实际观测资料，因此通过这种方法对区域尺度生态系统碳收支进行精确评估和预测是很难实现的。二是利用生态系统碳循环过程的模拟技术，即基于各站点获得的知识和模型参数方案，构建区域尺度碳循环模型，在空间化了的植被和环境要素数据库的支持下，进行研究尺度扩展和区域碳通量评价。模型模拟方法被认为可以实现对未来气候变化背景下的区域生态系统碳收支的预测，已经成为碳通量观测和研究中不可缺少的重要内容和手段（于贵瑞等，2004）。

现有的估测区域尺度生态学模型主要分为两大类，一类是以遥感资料为驱动变量，以地理信息系统中的植被和空间化了的环境数据库为支撑的遥感模型，代表性模型有 CASA、VPM 和 SiB_2 等。Piao 等（2001）利用地理信息系统和遥感图像结合植被、土壤类型和空间环境要素观测资料，利用 CASA 模型模拟了中国陆地植被净初级生产力的时空分布。这些模型虽然能够预测生态系统碳循环，但是也存在一定的局限性。例如，CASA 模型没有考虑土地利用方式的转变以及人类活动的干扰对碳循环的潜在影响，并且在模拟过程中受到遥感资料时间的限制。另一类模型基于生态系统过程，以气候资料和其他环境变量为驱动因素，重点模拟土壤－植被－大气间的物质和能量传输过程，植被生产力形成和演化等过程，能够反映生物对环境响应的机制模型，如 CENTURY、FOREST-BGC、AVIM 等（Ji 和 Yu，1999）。在亚洲区域具有较大影响的植被生产力模型是 Chikugo 模型。日本学者曾利用该模型绘制了全国的植被净初级生产力的分布图，分析了气候变化对日本全国净初级生产力的影响，并利用日本不同地区的生物生产力普查数据证明了该模型具有良好的预测能力（Uchijima和 Seino，1985）。

第二节　涡度相关技术

涡度相关也叫涡度协方差（Eddy Covariance），其理论基础是雷诺于 1895 年提出的雷诺平均和雷诺分解。后来，随着流体力学和微气象理论的发展，特别是微气象仪器、计算机技术等快速发展，涡度相关技术已经逐步成熟。1970 年开始进行研究试验性的测量，1990 年开始大规模地应用于生态系统的观测，特别是 CO_2 通量的观测。它是测量大气与生态系统物质交换的标准方法，是国际通量网（FLUXNET）的主要技术手段。目前，我国也已建立了许多的通量观测站点，其中中国陆地生态系统通量观测网（ChinaFLUX）（中科院管理）是最早在国内大规模进行涡度相关 CO_2/H_2O 通量观测的研究网络。

一、观测仪器组成

一个典型的涡度相关系统是由通量观测系统和常规气象观测系统组成的。涡度相关系统由三维超声风速计和快速响应的开路红外 CO_2/H_2O 分析仪组成，可直接测定冠层上方的三维风速、湿度、温度、CO_2 或水汽浓度的平均值和瞬时脉动值。在农田生态系统中，通量观测系统安装在距植株高度 1 m 处。感应器以特定的频率测定物理量，由数据采集器记录并进行在线计算（计算垂直风速脉动值、CO_2 浓度脉动值、它们的乘积以及平均周期为 30 min 以内的平均值），同时记录并存储原始通量数据（30 min 平均值）。

常规气象观测系统包括冠层上方的净辐射仪、光量子传感器、温湿度探测仪和风力计，分别用来测定太阳净辐射、光量子通量密度、大气温度和相对湿度以及风速风向。此外，常规气象观测系统还包括安装在土壤中的仪器，用来测定不同土层的土壤体积含水量、土壤温度、土壤热通量以及降水量。所有常规数据利用数据采集器采集并按 30 min 计算平均值并进行储存。

二、数据计算与处理

（一）在线计算

根据雷诺平均和分解原理，生态系统冠层上方的 CO_2 湍流通量（F_C，$\mu mol\ CO_2\ m^{-2} \cdot s^{-1}$），即 NEE（$\mu mol\ Cm^{-2} \cdot s^{-1}$）可通过计算垂直方向风速脉动（$w$，$m \cdot s^{-1}$）与 CO_2 密度脉动的协方差（ρ_c，$\mu mol\ CO_2\ m^{-3}$）而得到：

$$NEE = \overline{\omega' \rho'_c} \tag{2-1}$$

其中，ω'为垂直风速脉动，ρ'_c 为 CO_2 密度脉动，上方的横线代表 30 min 平均值。

（二）数据处理的一般流程

公式（2-1）只有满足一系列假设条件下才能成立，意味着只有在地势、仪器和气象条件处于理想状态下时（生态系统下垫面地势平坦且均匀，有足够长的风浪区，气象条件较稳定，感应器和数据采集器足够灵敏以能捕捉变化最快和最小的大气旋涡），涡度相关技术才能准确地测定植被上方的物质通量（Baldocchi，2008）。然而，现实中很少有通量观测站的自然条件可达到理想状态。因而在用碳通量数据进行生态学现象的解释之前，需要对原始观测数据进行一系列数据质量评价、校正、筛选和插补。

1. 数据质量评价

（1）通量贡献区域分析

通量观测塔所观测到的数据反映的是通量贡献区或固定覆盖范围（Footprint，通常数平方米或数平方千米）内的平均状况。对于面积足够大、下垫面均一的生态系统而言，涡度相关的观测值可代表生态系统的真实碳交换量。但事实上，由于生态景观的破碎化和地形因素的影响，大部分生态系统为斑块型的镶嵌结构。因此，深入分析通量塔周围的空间变异性，定量评价通量观测数据区域的大小和空间分布与碳通量的来源，是评价通量观测数据的区域代表性、尺度转换与过程机理分析的基础（于贵瑞等，2004）。模型模拟是分析和计算涡度相关观测数据 Footprint 的主要途径（Schmid，1993）。窦兆一（2009）利用 Large-Eddy Simulation 模型对秦岭火地塘国家野外试验定位站的 Footprint 的长度进行了分析，发现 80% 以上的通量信息来源于上风向 110～140 m 以内的范围。米娜等（2006）的研究发现，隶属于中国通量观测网络（ChinaFLUX）的草地和农田站的 Footprint 长度在 160～200 m，森林站的 Footprint 长度在 1 600～3 000 m。目前，有关 Footprint 的评价模型都是基于中性气象条件下涡度扩散理论而建立的，很难对稳定大气层结条件下的状况给予评估。此外，当仪器安装高度发生改变时，Footprint 的长度也会发生变化。Hamotani 等（1997）的研究表明，由于 Footprint 的长度不同，稻田近地层（2 m）和上方（20 m）处的通量存在较大差异。对于地形复杂的生态系统而言，确定适宜的仪器安装高度，以满足通量观测时所需要的 Footprint 是比较困难的（Schmid，1993）。

（2）大气湍流特征分析（稳态测试及方差相似性测试）

涡度相关技术的常通量层假设之一是要求大气湍流处于稳态且具有均质性。稳态代表大气湍流统计特征不随时间发生变化，均质性则代表大气湍流统计特征不随空间发生变化。异质性通常表现为大气湍流的非稳态。大气湍流的非稳态是对湍流通量测定影响最严重的问题。稳态测试已经在涡度相关技术测定湍流通量数据的质量控制与评价中得到了广泛的应用，具体方法可参考（Aubinet 等，1999；Foken 和 Wichura，1996）。方差相似性测试的理论基础是莫宁-奥布霍夫相似理论，即在近地边界层内各种大气参数和统计特征可以利用速度尺度或温度尺度等归一化为“大气稳定度”的普适函数。方差相似性关系测试也就是湍流积分统计特征测试，也可以作为涡度相关技术湍流通量数据质量分析与控制的可靠标准。在不稳定大气条件下，被广泛应用和接受的垂直风速和温度的方差相似性关系可参考（Blanken 等，1998）的研究。湍流方差相似性关系测试可以检验大气湍流是否能够很好地发展和形成，是否符合大气湍流运动的莫宁-奥布霍夫相似性理论，从而可以获得有关通量观测站点特性和仪器突然间配置影响的相关信息。

（3）能量平衡闭合评价

生态系统能量闭合程度是检验和评价涡度相关数据质量的有效手段。根据热力学第一定律，无论是通量观测站存在任何生态和生物气候学上的差异，生态系统内的能量都应该是守恒的（Stoy 等，2013）。太阳净辐射（R_n）作为土壤一植被一大气系统的驱动能量，主要以大气湍流的方式向生态系统输送能量，即以潜热（H_L）和显热（H_s）的方式加热大气边界底层，部分以土壤热通量（G）进入土壤中，同时少部分能量被作物消耗储存（ΔS）。由于 ΔS 非常小，在计算中可以忽略不计。所以，生态系统能量平衡方程可表示为

$$R_n = H_L + H_s + G \tag{2-2}$$

在评价涡度相关数据质量时，通常采用对半小时湍流能量（热）通量（H_L 与 H_s 之和）与有效能（R_n 与 G 之差）进行线性回归，利用方程的斜率和截距进行评价。线性回归方程为：

$$H_l + H_s = a(R_n - G) + b \tag{2-3}$$

其中，a 和 b 分别是方程的斜率和截距，能量完全闭合状况下，a 和 b 应该分别为 1 和 0。如果 a 小于 1，则认为生态系统能量不闭合。而在实际的研究中，由于气象条件和仪器等多方面的原因，生态系统的能量达到完全平衡和闭合是很难的（Wilson 等，2002）。目前研究者普遍认为，如果能量不闭合程度在 10%～30%之间，那么热通量数据的质量是令人满意的（Stoy 等，2013）。由于热通量和碳通量是在相同条件下并利用同一组观测仪器测定，因此热通量数据可信就能反映出碳通量数据也是可信的。（Bao 等，2022）利用能量闭合方法评价了 2011～2012 年 ChinaFLUX 禹城农田试验站冬小麦-夏玉米生态系统的涡度相关观测数据，发现相关回归方程的斜率为 0.86，即能量不闭合程度为 14%（图 2-1），研究结果符合现有的文献报道范围，因此认为该站点的通量观测数据是可信的。引起能量不闭合的原因有很多，如取样误差、仪器系统误差、高频和低频通量成分的损失、能量平衡方程中能量项的忽略、平流效应等（Massman 和

Lee，2002）。

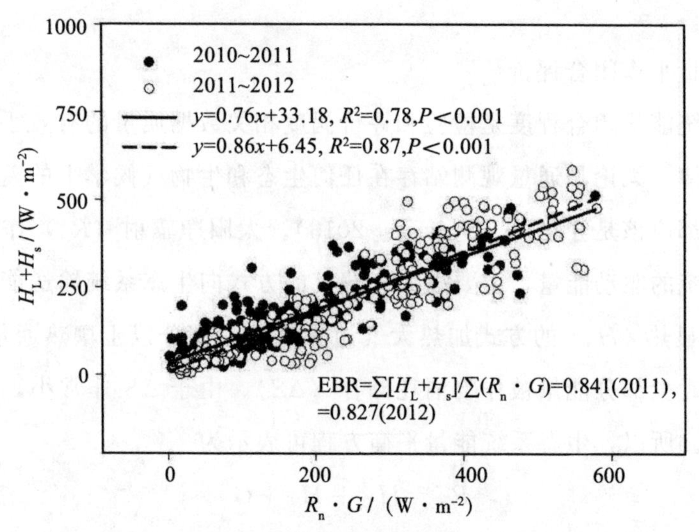

图 2-1　ChinaFLUX 禹城农田试验站冬小麦-夏玉米轮作生态系统的能量平衡闭合情况分析

注：H_L 为潜热通量，H_s 为显热通量，R_n 为净辐射，G 为土壤热通量。图引自（Bao et al.，2022）。

（4）谱分析

湍流谱分析可以确定涡度相关系统相关仪器对高频湍流信号的响应能力。谱分析的大致方法是选取白天两小时数据，利用 Welch 方法计算变量 x 包括超声风速仪测定的三维风速（水平风速、侧风风速和垂直风速），空气温度以及 CO_2 和水汽浓度的功率谱。功率谱乘以频率以使谱函数曲线下的面积在半对数坐标条件下能够正确代表总方差。谱分析的两个突出特征为普峰和斜率。确定不同变量的功率谱在惯性子区的斜率对于确定仪器的响应能力具有重要的意义。这是因为近地小尺度湍流是各向同性的，在惯性子区内能量既不产生也不消耗，而是遵循 2/3 定律向更小的尺度传递（窦兆一，2009）。

2. 数据校正

（1）坐标轴旋转

坐标轴旋转也叫作倾斜校正。在非平坦地形条件或仪器安装未达到水平要求的情况下应用涡度相关技术测定植被大气间CO_2交换湍流通量时，需要把超声风速计的坐标系转化为自然风坐标系，以达到x轴与水平风方向平行后平均侧风速度$\overline{v}$、平均垂直风速$\overline{w}$为0（二次坐标旋转）和相应的平均侧风应力$\overline{w'v'}$为0（三次坐标旋转）的目的（Tanner 和 Thurtell，1969）。

（2）谱校正

如果通量观测是在完全理想的情况下进行的，可以不进行谱校正。但是，所有的涡度相关仪器系统都存在着物理局限性。这些局限性主要表现为对高频信号的频率响应不足、传感器以测量路径平均值替代空间点值、不同物理量传感器间（超声风速计与气体分析仪之间）空间分离以及两个传感器在响应能力方面的不匹配、离散取样等。所以，通过仪器观测得到的数据不能完全捕获在所有频率上的脉动，或者说观测的结果相对于真实的情况是有损失的。谱校正就是要把这些损失尽可能地补偿（Eugster 和 Senn，1995）。

（3）Webb Pearman Leuning 校正（WPL 校正）

WPL 校正也称为水热传输影响校正。由于红外气体分析仪所测定的是单位气体所含的CO_2气体的质量，也就是CO_2的浓度（密度），因此大气的温度和湿度或水热条件的变化可引起单位体积内CO_2质量的变化（Webb 等，1980）。Webb 给出的校正公式是（开路系统）：

$$\overline{F_C}(h_m)=\overline{\omega'\rho'_c}+\mu\left(\frac{\overline{\rho_c}}{\overline{\rho_\sigma}}\right)\overline{\omega'\rho'_v}+(1+\mu\sigma)(\overline{\rho_c}/\overline{\theta})\,\overline{\omega'\theta'} \tag{2-4}$$

其中，$\mu=m_d/m_v$是干空气和水汽的摩尔质量之比。$\sigma=\overline{\rho_c}/\overline{\rho_d}$是水汽密度和干空气密度之比。

3. 数据筛选

通量数据的筛选通常按照以下几个标准进行：①在处理夜间通量数据时，需要根据摩擦风速和夜间通量数据的相关性确定一个摩擦风速临界值（u^*）。摩擦风速大于 u^* 时所对应的通量数据较为稳定，被认为是有效数据。相反，当摩擦风速小于 u^* 时，说明大气层较稳定，湍流交换较弱，仪器无法探测到空气非湍流运动过程中的通量输送，此时所观测到的数据往往低于真实值（Baldocchi，2003）。因此需要剔除低于 u^* 时的通量数据；②根据通量的时间变异规律，设置阈值，剔除超出阈值数据和明显异常数据；③将原始数据进行连续 5 点的标准差筛选，剔除大于 n 倍标准差的数据，不同类型生态系统的剔除标准（n）可能有所不同。例如 ChinaFLUX 长白山、千烟洲和鼎湖山森林生态系统试验站的数据筛选标准取 $n=3$，ChinaFLUX 禹城农田试验站取 $n=1.96$（Bao 等，2020）；④剔除同期有降水的数据（Bao 等，2014）。

4. 数据插补策略

除了数据筛选会造成数据缺失以外，稳态测试，仪器中断和维护，极端天气的发生，如降雨和高湿等，以及农田的人为耕作和管理，也会使很大一部分通量数据产生缺失。为了得到完整的数据库，需要对缺失的数据进行插补处理。插补方法主要有以下几种。

（1）线性内插

此方法主要用于缺失时间间隔小于 2 h 的常规和通量数据的插补。假设缺失数据呈线性增加或减少，再用线性函数进行拟合。

（2）滑动平均法

滑动平均法又称为平均日变化法（mean diurnal variation，MDV）。当某天某一时刻的数据缺失时，就可以用相邻几天的有观测数据的结果平均值来代替。这个时间窗口一般取 7～14 天，不同的变量时间窗口宽度可以不一样。这种方法通常用于气象常规缺失数据的插补。

（3）非线性回归法

根据历史资料，在白天和夜间分别建立碳通量与环境变量的关系。对于缺失数据按照公式进行插补。白天光合强度主要受光强的影响，用于插补通量缺失数据的模型主要有 Michaelis-Menten 模型和 Misterlich 模型；夜间植物和土壤的呼吸主要受温度影响，用于插补量缺失数据的模型主要有 Lloyd & Taylor 模型、Arrhenius 模型和 Van' t Hoff 模型。

（4）查表法

根据经验和历史数据，把影响 CO_2 通量的两个主要因子（温度和光强）做成一个二维表，对于缺失的通量数据根据其所在的表中的位置，用相应的平均数据来插补。例如，对数据表可以进行以下的编辑：全年半小时数据每 2 个月为一组，对每一组数据再进行 N 个气温分组和 M 个光合有效辐射分组，N 个气温分组是气温从最低值至最高值以 2 ℃为间隔分组，M 个光合有效辐射分组是光合有效辐射以 0～2 100 $\mu mol \cdot m^{-2} \cdot s^{-1}$ 为间隔进行分组。利用生成的数据表分别对白天和夜间缺失的通量数据进行插补（Reichstein 等，2005）。

（5）人工神经网络

研究表明，植被与大气之间的探究的碳交换量与能量通量（潜热通量和感热通量）与环境变量之间存在着密切的相关关系，从而为通过统计学方法模拟碳通量提供了理论支持。但是传统的碳通量模拟研究包括基于过程或统计的模型，在正确反映碳通量与其他变量的非线性关系方面存在着较多的困难。基于机器学习的统计方法为进行二氧化碳模拟提供了一种新的思路。人工神经网络（artificial neural net，ANN）方法是其中应用较为广泛的一种。它能够揭示输入变量与输出变量的非线性关系，其本质上是一种基于数据驱动的模型，国际上正逐渐将人工神经网络应用于生态学与 CO_2 通量的模拟研究之中（Elizondo 等，1994；Francl 和 Panigrahi，1997；Lek 等，1996；van Wijk 和 Bouten，1999）。因此人工神经网络也可用于时间较长的通量缺失数据的插补。

人工神经网络是一种模仿动物行为特征的网络结构，也是一种进行分布式并行信息处理的算法数学模型。这种网络通过调整内部大量节点或神经元之间相互连接的关系，从而达到处理信息的目的。神经网络具有强大的自身反复学习能力，常常用来描述难于用数学解析表达式描述的复杂非线性系统和非线性关系，理论上一个简单的三层（输入层、隐含层和输出层）的神经网络模型，就可以实现任何一个三维数据从输入到输出的非线性映射，而生态系统自身是一个复杂的非线性系统，所以我们用人工神经网络模型来描述和研究森林生态系统与环境因素关系及其特性是比较有效的方法。

1943 年，心理学家 McCulloch W. S. 和知名数理逻辑学家 Pitts W. 提出了神经元的形式化数学描述和网格结构方法，建立了人工神经网络的雏形——MP 模型，开辟了人工神经网络的时代。20 世纪 80 年代，美国物理学家引入神经网络模型的能量函数作为模型的稳定性判断依据，使得网络模型具有了联想记忆能力，这种特点使得神经网络成功地解决了巡回推销商问题，为优化问题的求解找到了方法，同时也为神经计算机的开发研究提供了重要的理论基础。人工神经网络发展至今，一直都是土地覆盖和土地分类中应用较广泛的非参数分类计数之一。在 BP 算法的基础上，现如今的人工神经网络与模拟退火算法、遗传算法等都结合在一起形成了新的网络算法体系，从而表现出强大的功能（Kavzoglu，2009；Kavzoglu 和 Mather，2003；Mas 和 Flores，2008；Paola 和 Schowengerdt，1995）。

人工神经网络结构一般由三个基本要素组成，即处理单元、网络拓扑结构和训练规则。处理单元由多个神经元组成，包括输入神经元、隐含神经元和输出神经元。它模拟人脑神经元的功能处理信息输出端的信息传递给下一个单元。在图 2-2 中，x 为输入层的每个神经元，W 为可供输入变量 x 变化的权值。θ 作为神经元的阈值或者是偏移信号的大小。u 和 f 分别表示输入层和隐含层的基函数和隐含层到输出层之间的激活函数。

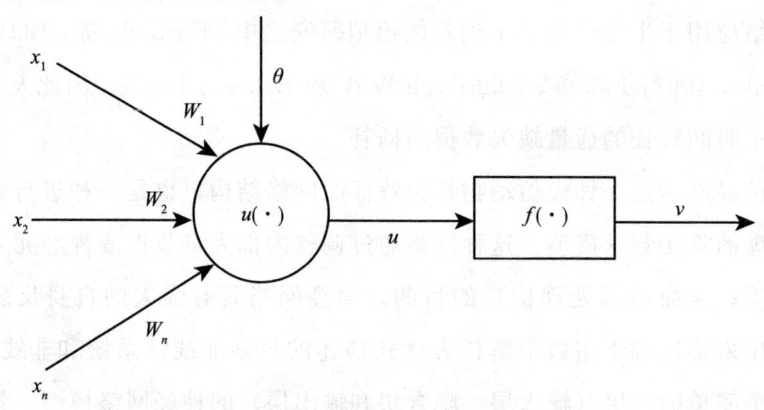

图 2-2　通过神经元模型

传输模式和方式以及构成各处理单元之间的信息均通过网络拓扑结构来确定。目前神经网络模型的应用大多采用三层的网络结构模型。这是由于三层的神经网络模型已经能够模拟任何连续函数（米湘成等，2005），并且拥有神经网络容易解释、训练速度快、预测精度高、很少出现过度吻合等优点（刘泽麟等，2010）。常见的三层神经网络结构如图 2-3 所示。神经网络的机理类似于人类的大脑，主要分为两个阶段。第一阶段是训练又称学习，神经网络利用转换函数，对数据进行加权、求和反复训练，结果将指定最大权重类别的数据用于输入（Zhang 等，2009）。第二阶段是执行阶段，神经网络对输入信息进行总结，并产生输出，此时计算单元状态发生变化达到训练后的稳定状态（修丽娜和刘湘南，2003）。

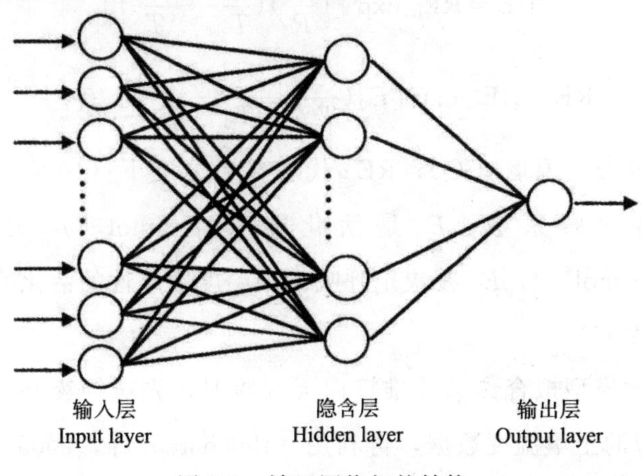

图 2-3　神经网络拓扑结构

5. 数据拆分

为了深入分析生态系统碳交换过程及其控制机制，需要估算生态系统总光合作用（GEE）和生态系统总呼吸作用（RE）。GEE 无法通过涡度相关直接观测得到，但是 RE 的观测和估算相对容易实现。因此，先估算 RE，再通过 NEE、GEE 和 RE 的关系，即 GEE＝NEE－RE，得到 GEE，从而实现 NEE 的拆分。基于涡度相关技术估算 RE 的方法有以下两种。

（1）基于夜间数据进行估算

在夜间，由于植被不进行光合作用，因此 GEE 为 0，即夜间 NEE 就是夜间

RE。估算 RE 的整体思路是先利用夜间有效 NEE 与环境变量（主要指大气或土壤温度）建立相关函数或模型，得到方程中相应的参数，再将该方程外推至白天，把白天的土壤或大气温度代入已经拟合好的方程中，就可以估算白天的 RE。

研究发现，在不受干旱胁迫的条件下，夜间生态系统呼吸速率与大气温度或土壤表层温度呈较好的指数关系。由此人们已经开发出诸多描述温度-呼吸速率关系的模型，其中最常用的模型是 Van't Hoff 模型、Arrhenius 模型和 LIoyd & Taylor 模型。它们的表达式分别是：

$$RE = RE_{ref} \exp\left(B(T_s - T_{ref})\right) \tag{2-5}$$

$$RE = RE_{ref} \exp\left[\left(\frac{E_a}{R}\right)\left(\frac{1}{T_{ref}} - \frac{1}{T_s}\right)\right] \tag{2-6}$$

$$RE = RE_{ref} \exp\left[E_0\left(\frac{1}{T_{ref} - T_0} - \frac{1}{T_s - T_0}\right)\right] \tag{2-7}$$

其中，T_s是土壤表层温度（℃），RE_{ref}代表参考温度下（10 ℃）的基础呼吸速率，B 是模型回归系数，E_a 是活化能（$J \cdot mol^{-1}$），R 是气体常数（$8.314\ J \cdot K^{-1} \cdot mol^{-1}$），$E_0$ 是决定呼吸作用温度敏感性的活化能参数，T_0是温度常数（−46.02 ℃）。

用呼吸-温度模型拟合参数并推算白天呼吸时，先选择夜间未插补的有效通量数据及其对应的土壤温度数据，再利用（Reichstein 等，2005）提出的短期数据拟合法获取相关参数。以 15 天为一个窗口拟合表达式中的 B、E_a、E_0和 RE_{ref}时（以 15 天为一个窗口的理由是为了避免较为剧烈的季节变异，并且能够提供充足的数据量和足够合理的用以拟合方程的温度范围，且大气温度的功率谱分析和以往的研究均表明通量数据存在着 15 天的频谱周期），两个相邻的窗口重叠天数为 10 天，每 5 天滑动一次，然后对 B、E_a、E_0和 RE_{ref}的所有拟合值取标准差倒数的平均值作为权重因子，得到它们的最终值。

当利用生态系统呼吸模型估算白天 RE 时，为了得到更加准确的结果，应选择精确度最高的模型。目前已经有研究对比分析了三个模型的准确性，但得到的结果并不一致。例如，Bao 等（2020）利用 2007～2012 年中国山东禹城的冬小麦-夏玉米轮作农田试验站的涡度相关数据对比分析了三个模型的精确度，通过比较模型模拟值和观测值相关关系的决定系数和均方根误差后发现，LIoyd & Taylor 模型的模拟效果最好（图 2-4）。然而，（Guo 等，2019）利用我国西北的一

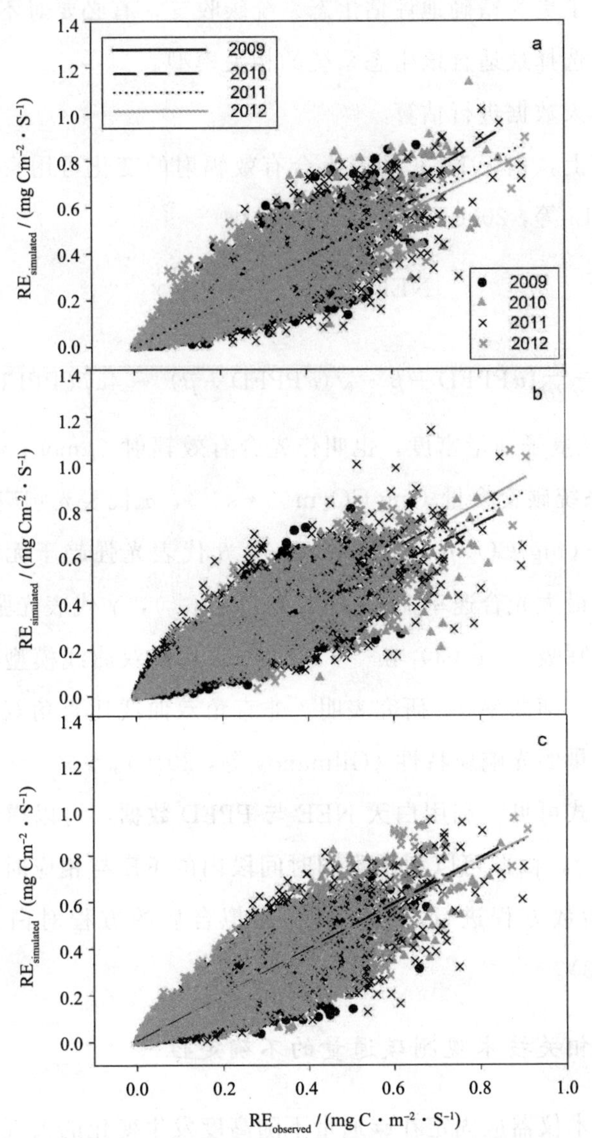

图 2-4　Van' t Hoff 模型（a）Arrhenius 模型（b）以及 LIoyd & Taylor 模型（c）的生态系统呼吸模拟值的比较

$RE_{observed}$ 为 2009～2012 年生态系统呼吸观测值，

$RE_{simulated}$ 为生态系统呼吸模拟值（Bao 等，2020）。

个玉米生态系统连续多年的碳通量观测数据发现，Van't Hoff 模型的精确度最高。可见，利用夜间数据插补和外推白天 RE 所用到的呼吸模型因生态系统类型而异。因此，为了更为精确地评估生态系统碳收支，有必要对不同的碳循环模型进行对比分析，选择最适合该生态系统的相关模型。

（2）基于白天数据进行估算

在小时尺度上，白天 NEE 随着光合有效辐射的变化可用直角双曲线或非直角双模型描述（Li 等，2006；Saito 等，2005）：

$$\mathrm{NEE}=\frac{\alpha\beta\mathrm{PPFD}}{\alpha\mathrm{PPFD}+\beta}+\gamma \tag{2-8}$$

$$\mathrm{NEE}=\frac{1}{2\theta}\left(\alpha\mathrm{PPFD}+\beta-\sqrt{(\alpha\mathrm{PPFD}+\beta)^{2}-4\alpha\beta\theta\mathrm{PPFD}}\right)-\gamma \tag{2-9}$$

其中，PPFD 为光量子通量密度，也叫作光合有效辐射（μmol photon $m^{-2}\cdot s^{-1}$），NEE 为净生态系统碳交换量（mg $CO_2\,m^{-2}\cdot s^{-1}$），α 代表光响应曲线的初始斜率或表观量子效率（mg CO_2 μmol^{-1} photon），β 代表光强趋于无穷大时的光合速率，即生态系统最大光合速率（mg CO_2 $m^{-2}\cdot s^{-1}$），γ 代表光强为零时的截距，即白天生态系统呼吸（mg CO_2 $m^{-2}\cdot s^{-1}$）。非直角双曲线模型比直角双曲线模型多了一个参数，即曲率 θ。研究表明，非直角双曲线比直角双曲线能更好地模拟生态系统碳通量的光响应特性（Gilmanov 等，2010）。

从上述方程式可见，利用白天 NEE 与 PPFD 数据，可以得到拟合时间段的白天的 RE 值（γ），由此可以利用不同时间段内的 RE 与相应时间段内的平均温度对呼吸-温度指数方程进行拟合，再利用拟合后的方程对白天 RE 进行估算（Griffis 等，2003）。

（三）涡度相关技术观测碳通量的不确定性

涡度相关技术仪器应固定在碳通量不随高度发生变化的大气边界层内即常通量层内。常通量层需要满足三个条件（Baldocchi 等，2001）。一是稳态，即大气湍流统计特征不随时间发生变化；二是测定下垫面与仪器之间没有任何的源或汇；三是在足够长的风浪区内具有水平均匀的下垫面。然而，涡度相关技术仪器通常会安装在非平坦地形、斑块状冠层、自由对流等非理想或更现实的条件下，这种观测站不能完全满足涡度相关技术的基本假设条件，从而导致生态系统碳通量的测定存在着很大的误差和不确定性（Lee，1998）。其中误差分为系统误差和随机误差。系统误差可分为完全系统误差和选择性系统误差。完全系统误差是指作用于测定系统整个昼夜过程而造成的测量值系统偏离真值，如高频和/或低频同相谱成分的缺失、系统校正等造成的误差，而选择性系统误差是指仅仅作用于测定系统的部分昼夜过程而造成的测量值系统偏离真值，如由于夜间空气冷泄流等造成夜间通量的低估。系统误差不受数据量多少的影响，而随机误差则会随着数据量的增加而递减（Lee，1998）。不确定性来源主要包括以下几个方面。

①仪器本身的物理限制所导致的不确定性。所有涡度相关系统由于仪器自身存在的各种局限性，都会导致在过高和过低的频率处造成真正湍流信号的衰减。信息的损失产生于仪器的物理尺寸离距离、内在的时间响应以及与趋势消除有关的任何信号处理上的限制（Leuning 和 King，1992）。

②二维和三维气流运动所导致的不确定性。在二维和三维气流运动影响下，垂直湍流通量可能系统地偏离真正的净生态系统交换量（Leuning 和 King，1992）。

③通量数据处理时所导致的不确定性。通量计算时需要将超声风速仪的笛卡儿坐标系转换为自然风或流线型坐标系。通常使坐标系 x 轴与平均水平风方向平行，从而使平均侧风速度和平均垂直风速度为 0（二次坐标轴旋转），并且使相应的平均侧风应力也为 0（三次坐标轴旋转）。此外，数据处理涉及测定通量低频部分可能的损失。如选择通量平均时间太短将削弱通量低频的成分。这些低频成分的损失已经在能量平衡闭合中有所表现，可造成白天森林碳通量 10%～40%的低估。长期通量数据累计时，缺失数据的内插也会造成一定的误差（Leuning 和 King，1992）。

④夜间通量测定的不确定性。在夜间，涡度相关技术会受到一定的限制。其中一些限制是来自仪器本身的，另一些则是来自气象的。涡度相关设备是在白天的强对流条件下设计的，此时的湍流运动以低频运动占主导地位（Leuning 和

King，1992)。而在夜间，大气层结较为稳定，湍流运动移向高频，由传感器分离等造成的仪器响应频率的不足成为一个较为严重的限制（Suyker 和 Verma，1993)。而气象上的限制包括大通量贡献区、重力波以及低湍流问题。基于涡度相关技术估算大气－植被间净碳交换量中的误差和不确定性可以通过一定的方法来进行校正和补偿，如利用谱校正可以降低由仪器本身的限制所导致的误差，利用坐标轴旋转和平面拟合等方法可以减少数据处理所引起的误差，通过数据质量控制可以对数据进行筛选和剔除（Massman，2000)。ChinaFLUX 通量数据质量控制与处理技术体系（张雷明等，2019）如图 2-5 所示。

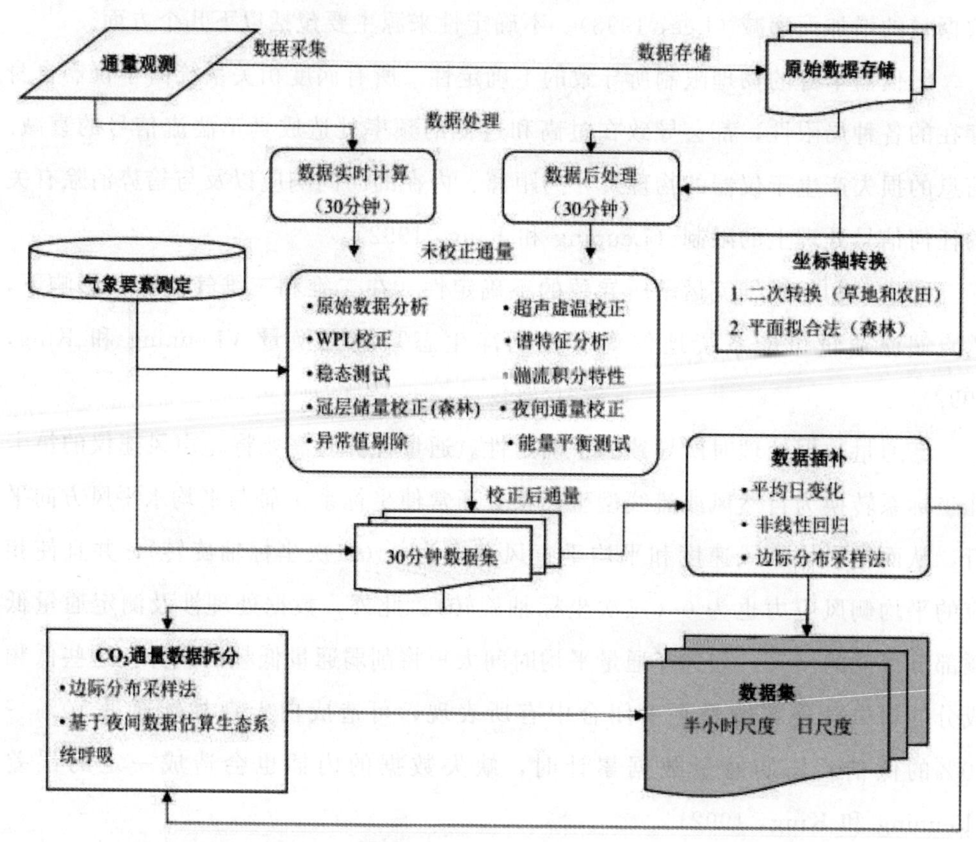

图 2-5　ChinaFLUX 通量数据质量控制与处理技术体系（张雷明等，2019）

第三章

农田生态系统碳通量的时间变异特征及其控制机制

探讨陆地生态系统碳收支的变异及其驱动机制是全球碳循环研究中的重要内容。基于涡度相关观测的大量研究表明，农田生态系统碳通量在不同时间尺度上呈现显著的变异特征。深入了解农田生态系统碳通量的时间变异及其控制机制可为构建或改进生态系统模型以精确预测未来气候变化背景下的农田碳收支动态提供有价值的信息，也可为提高农田碳蓄积能力、改善农田生态系统服务功能和制定碳中和生态农业政策提供理论基础和数据支持。

第一节　生态系统碳通量的时间变异特征

一、日变异

在作物的主要生长季，农田 NEP 通常在一天之中呈现“单峰形”曲线的变化趋势。NEP 白天为正值，代表农田进行碳吸收，表现为碳汇；夜间为负值，代表农田进行碳排放，表现为碳源。日出后，由于太阳辐射的不断增强，农田植被光合作用逐渐增强，植被吸收的 CO_2 量不断增加，到中午达到最大，之后随着太阳辐射逐渐减弱，农田 CO_2 的吸收量下降，到日落前后接近于零。在夜间，作物和土壤进行呼吸作用，农田 NEP 因此变为负值，即变为碳源，且变化形式趋于稳定（Li 等，2006；Hutchinson 等，2007）。但有时农田 NEP 的日变化呈现不规则或“双峰形”变化曲线，发生这种情况一般是由于正午较高的温度和较高的饱和水汽压差使光合作用酶的活性降低，叶片气孔关闭，从而抑制光合碳吸收，使生态系统碳汇功能出现了短暂的“午休”的缘故（Zhang 等，2007；赵辉等，2021）抑或是发生了某些特殊情况。

农田生态系统在一天之中碳交换通量变化幅度很大。NEP 的日变化最大幅度称为日峰值（NEP_{max}）。NEP_{max} 可因作物的生育进程以及作物种类的不同而不同。例如，史桂芬等（2020）探讨了河南冬小麦灌浆期碳通量的变化特征，发现碳通量日峰值在开花后 10 天内为 0.9～1.2 mg $Cm^{-2}\cdot s^{-1}$，在开花 10 天后为 0.3～0.9 mg $Cm^{-2}\cdot s^{-1}$，乳熟后为 0.05～0.3 mg $Cm^{-2}\cdot s^{-1}$。Li 等（2006）的研究表明在玉米的生长季，日 NEP_{max} 在 1.14～1.42 mg $Cm^{-2}\cdot s^{-1}$ 之间，冬小麦的日 NEP_{max} 在 0.81～1.07 mg $Cm^{-2}\cdot s^{-1}$ 之间，这是因为玉米是 C4 作物，要比 C3 作物小麦等拥有更高的光合同化速率。

农田 GEP 的日变化与 NEP 相似，白天进行光合作用，GEP 为正值，变化形式为单峰或不规则曲线。GEP在日出前后开始增加，在正午前后达到最大值，后随着太阳辐射的减弱而减小。GEP日变化幅度通常会大于NEP的日变化幅度。夜间不进行光合作用，其值为0。

农田RE的日变化与农田生态系统碳吸收NEP和GEP的日变化形式相似，但是RE的日峰值出现的时间相较于GEP的峰值出现较晚，即在午后温度达到最高时候达到日间最大值，表明RE与温度的日变化相关密切（Zhang等，2007）。

二、季节变异

生态系统碳通量的季节变化是指生态系统碳通量日（月）积累值在整个生长季（从播种到籽粒收获）内的时间序列。到目前为止，研究者已经对农田碳通量的季节变化规律进行了大量的研究。我国学者已经对华北平原冬小麦（夏玉米）农田（Bao等，2014；郭家选等，2006；李俊等，2006；林同保等，2008；王志强等，2015），亚热带（长三角地区，江汉平原，太湖流域）稻田或稻/麦（油）轮作农田（Chen等，2015；李琪等，2009；苏荣瑞等，2012；徐昔保等，2015；尹春梅等，2008；朱咏莉等，2007），东北地区玉米农田（梁涛等，2012；叶昊天等，2022），西北地区农田碳通量（蔡旭等，2016；李双江等，2007；张蕾等，2014；周琳琳等，2020）的季节变化进行了研究。国外学者报道了大豆、玉米、水稻、甜菜、冬小麦、向日葵以及一些轮作农田生态系统碳通量的季节变化特征（Aubinet等，2009；Baker和Griffis，2005；Béziat等，2009；Hollinger等，2005；Lindner等，2015；Moureaux等，2008；Suyker等，2004b；Verma等，2005）。根据作物的生长动态，作物的整个生长季可分为缓慢生长期、快速生长期和衰亡期。研究表明，无论是冬小麦、水稻、玉米还是其他作物，在整个生长季期间，农田NEP、GEP和RE在整体上会呈现“中间高，两边低”的变化趋势，即在缓慢生长期碳通量值较低且变化较为平稳，在快速生长期碳通量逐渐增加达到最大值，之后随着植被的衰亡逐渐开始下降。以ChinaFLUX禹城农田试验站冬小麦/夏玉米轮作农田为例（图 3-1），冬小麦于每年 10 月播种，于次年 6 月中旬收获，夏玉米也在 6 月中旬播种，于 9 月份收获。每年 10 月至次年 2～3 月为冬小麦越冬期，此时作物处于休眠状态，生长缓慢，植被矮小稀疏，叶面积指数极

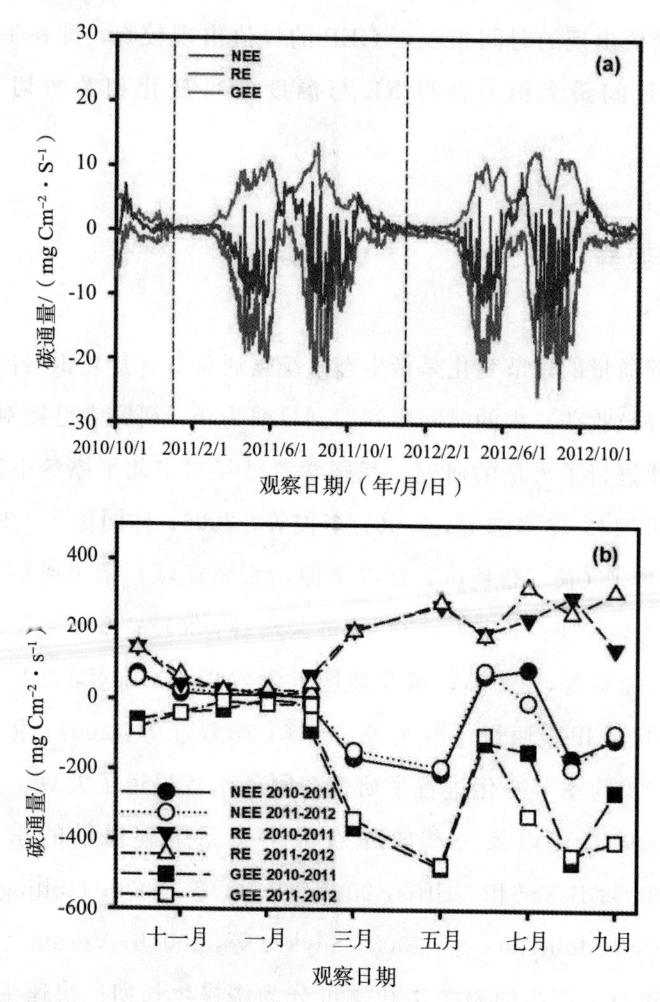

图 3-1　ChinaFLUX 禹城农田试验站冬小麦/夏玉米轮作农田

2010～2012 年间 NEE、GEE 和 RE 的季节变异

其中 NEE＝－NEP，GEE＝－GEP。(a) 通量日值，

(b) 通量月值。(Bao 等，2022)

低，作物的光合强度较弱，GEP 接近于零。由于冬天较低的土壤温度和有限的呼吸底物水平，导致 RE 很低，接近于零，因此 NEP 也接近于零。从 3 月份开始，随着大气和土壤温度的持续上升，作物开始迅速生长，NEP、GEP 和 RE 均开始增加，在叶面积指数达到最大值时（4 月末）也会几乎同时达到最大值。从 5 月份开始，植被开始衰亡，生态系统碳吸收量开始减少（NEP、GEP 开始降低），在收获时 GEP 变为零。然而由于 6 月温度仍然较高，虽然植被呼吸由于籽粒收获而停止，但是土壤呼吸仍然存在，因此 RE 虽然有所下降，但仍然维持在一个较高的水平。这时 NEP 表现为负值，农田是一个明显的碳源。随着夏玉米的种植和生长，农田 NEP、GEP 和 RE 又开始增加，当夏玉米的叶面积在 8 月中旬达到最大值时，三个通量均达到最大值，后随着作物的凋亡开始下降，GEP 在 9 月收获时接近于零。由于土壤较为温暖，再加上土壤呼吸的存在，RE 并未下降到零，NEP 也为负值，农田成为一个微弱的碳源。

三、年际变异

相对于农田生态系统碳通量的日变异和季节变异而言，人们可能会更加关注碳通量的年际变异。这是因为生态系统碳通量对环境或生物因素的响应会随着时间尺度的变化而变化。例如，有研究表明生物因素在季节尺度上对碳通量变化的贡献不大，但是随着观测年限的延长，生物因素对碳通量变化的控制作用则越来越显著（Shao 等，2016）。因此对生态系统碳通量进行长期连续观测可以充分反映碳通量对环境或生物因素变化响应的真实规律，从而为精确预测未来农田生态系统碳源或碳汇强度以及评价农田生态系统在陆地生态系统中的作用提供理论依据（Baldocchi，2008）。（Baldocchi 等，2018）将 5 年以上的碳通量观测定义为长期观测。年尺度上的农田碳通量是指从每年 1 月 1 日到当年 12 月 31 日或从播种日期到收获日期的生态系统碳交换量的积累值，单位为 $g\ C \cdot m^{-2} \cdot yr^{-1}$（yr 代表年）。农田生态系统的碳通量的年际变异可以用年总量的标准差或变异系数来表示（也就是标准偏差和年总和的平均值）（Bao 等，2014）。以 ChinaFLUX 禹城农田试验站的典型冬小麦/夏玉米轮作农田为例，2003～2012 年，该农田的 NEP、GEP、RE 在不同年份之间波动比较明显（Bao 等，2014）。年总 NEP（1 月 1 日至 12 月 31 日）的变化范围是 187.1～718.5 g C・m^{-2}・yr^{-1}，多年平均值为（475.6±159.4）g C・m^{-2}・yr^{-1}（平均值±标准差）；年总 RE 在 2009 年达到最高值，为1 945.6 g C・m^{-2}・yr^{-1}，在 2004 年出现最低值，为 1 545.4 g C・m^{-2}・yr^{-1}，其多年平均值为（1 776.0±126.2）g C・m^{-2}・yr^{-1}；年总 GEP 从 1 864.8～2 232.5 g C・m^{-2}・yr^{-1}之间变化，多年平均值为（2 132.5±103.6）g C・m^{-2}・yr^{-1}。

第二节　农田生态系统碳通量变异机制

一、环境因素的控制作用

1. 光合有效辐射强度与光响应参数

作物的光合作用与光合有效辐射密切相关。在小时尺度上，农田生态系统 NEP 通常随着光合有效辐射的增加呈增加趋势，然而当光强增加到一定程度时，光合速率不再增加，即光合速率达到了光饱和（Bao 等，2019；Jans 等，2010；Lindner 等，2015；Wang 等，2013）（图 3-2）。当光合速率达到饱和时的光强称为光饱和点。季节尺度上，光合有效辐射是农田生态系统白天 NEP 变异的主要控制因子（Hernandez-Ramirez 等，2011b）。Suyker 和 Verma（2012）的研究表明，位于北美的玉米农田 GEP 年际变异与光合有效辐射强度密切相关。

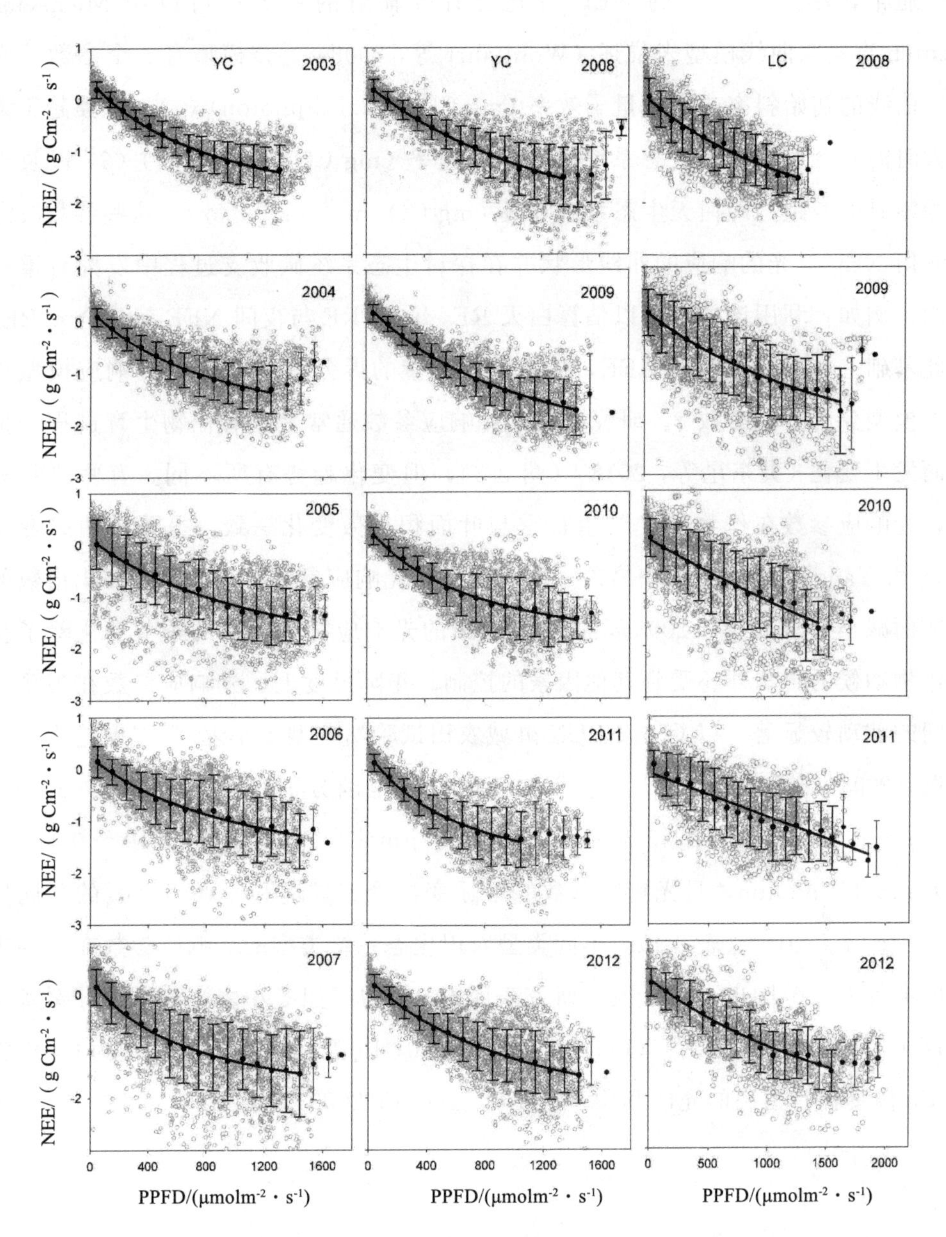

图 3-2　不同年份生态系统半小时净碳交换量（NEE）对光合有效辐射（PPFD）的响应（第 1 列和第 2 列灰点代表 ChinaFLUX 禹城站（YC）、第 3 列灰点代表栾城站（LC）的半小时 NEE，黑点代表每 100PPFD 的 NEE 和 PPFD 的集合平均值，黑线代表对集合平均值的拟合曲线）

通常，小时尺度上的 NEP 与光合有效辐射的相关性可以用 Michaelis-Menten 直角双曲线模型来描述（Wohlfahrt 等，2008）。该模型有 3 个参数，光响应曲线的初始斜率或表观量子效率（mg CO_2 μmol^{-1} photon）（α），光强趋于无穷大时的光合速率，即生态系统最大光合速率（mg CO_2 $m^{-2}\cdot s^{-1}$）（β）以及光强为零时的截距，即白天生态系统呼吸（mg CO_2 $m^{-2}\cdot s^{-1}$）（γ）。这些参数决定着农田 NEP 对光的响应的曲线形状并在探讨生态系统碳收支过程中发挥着重要作用。例如，利用该模型可以估算白天 RE，白天 RE 与夜间 NEE 就是全天 RE，在此基础上可以估算全天 GEE，从而实现通量的拆分。GEP 对光的响应模型比上述模型少了一个参数 γ。研究表明，光响应参数通常会随着作物生育进程的推进而发生变化（吴东星等，2018）（图 3-3），但变化趋势有所不同。有些研究表明，光响应参数在作物的主要生长季与叶面积指数变化一致，呈单峰曲线变化（Lei 和 Yang，2010）。而在另外一些研究中，光响应参数可能随着叶面积指数的增加而减小（Saito 等，2005），说明了农田的光响应特征参数的季节变化除了受到作物物候的影响外还受到其他因素的控制。年际尺度上，光响应参数在观测年份间的波动较显著。以 ChinaFLUX 禹城农田试验站典型冬小麦/夏玉米轮作农田为例，2003～2012 年，α，β 和 γ 年均值的变化范围分别为 0.002 2～0.005 9 mg CO_2 μmol^{-1} photon，2.33～4.43 mg CO_2 μmol^{-1} photon 和 0.19～0.47 mg CO_2 μmol^{-1} photon，且光响应参数的年际变异受到环境和非环境因素的共同控制（Bao 等，2019）（表 3-1）。不同类型农田生态系统类型的光响应参数在主要生长时期的变化范围也不同。很多研究表明 C3 作物（如冬小麦）表观量子效率 α 要高于 C4 作物（如玉米）（Lei 和 Yang，2010；Li 等，2006），这是因为 C4 作物比 C3 作物拥有更高的光能利用率（Hollinger 等，2005）。

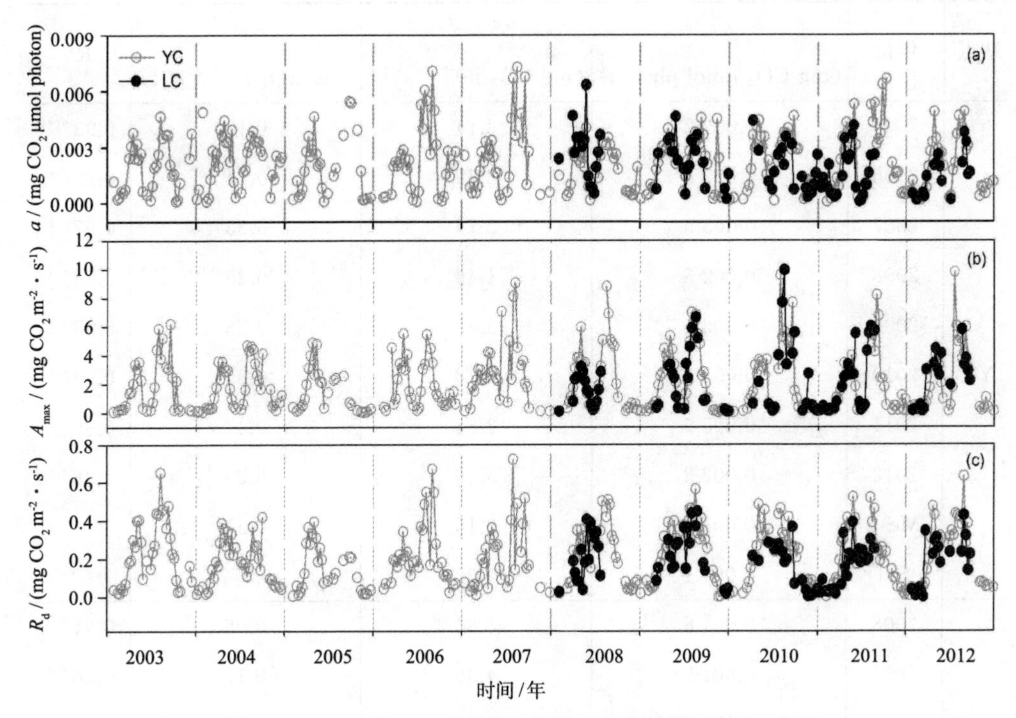

图 3-3　ChinaFLUX 禹城站（YC）和栾城站（LC）农田生态系统光响应参数的季节变异

（a）表观量子效率（α）；（b）光合有效辐射趋于无限大时的生态系统最大光合速率（GEP，mg CO_2 $m^{-2}\cdot s^{-1}$）（A_{max}）；（c）白天生态系统呼吸（R_d）。图中的点代表的是以7天为窗口的光响应参数的拟合值。

表 3-1　ChinaFLUX 禹城（YC）和栾城（LC）农田试验站冬小麦/夏玉米轮作农田光响应参数的年际变异

站点	年份	α/ (mg CO_2 μmol photon)	A_{max}/ (mg CO_2 $m^{-2}\cdot s^{-1}$)	R_d/ (mg CO_2 $m^{-2}\cdot s^{-1}$)	R^2
	2003	0.002 9	3.06	0.37	0.93**
YC	2004	0.003 0	2.87	0.28	0.99**

续表

站点	年份	α/(mg CO_2 μmol photon)	A_{max}/(mg CO_2 $m^{-2}\cdot s^{-1}$)	R_d/(mg CO_2 $m^{-2}\cdot s^{-1}$)	R^2
YC	2005	0.002 2	3.14	0.19	0.93**
	2006	0.002 3	2.79	0.24	0.98**
	2007	0.003 9	2.76	0.33	0.97**
	2008	0.002 3	4.43	0.29	0.83**
	2009	0.003 1	3.85	0.28	0.98**
	2010	0.003 7	2.78	0.35	0.98**
	2011	0.005 9	2.33	0.47	0.99**
	2012	0.002 8	3.46	0.29	0.98**
	Mean	0.003 2	3.15	0.31	
	Std	0.001 1	0.62	0.077	
LC	2008	0.001 8	3.84	0.06	0.91**
	2009	0.001 9	4.30	0.17	0.96**
	2010	0.001 6	6.30	0.09	0.86**
	2011	0.002 1	3.00	0.19	0.95**
	2012	0.001 8	4.58	0.16	0.96**
	Mean	0.001 8	4.40	0.13	
	Std	0.000 18	1.22	0.056	

注：R^2代表拟合方程的决定系数；**代表极显著水平；Mean代表多年平均值；Std代表平均值的标准差。

2. 散射辐射

太阳辐射在经过大气层到达地面的过程中，会受到云、水汽、CO_2等气体以及气溶胶粒子的吸收、反射和散射作用，因此最终到达地面的太阳辐射强度就会减弱。所以，当天空云量及大气气溶胶浓度发生变化时，到达地面的散射辐射的比例也就随之变化（刘沛荣等，2022）。通常，天空云量或气溶胶厚度与散射辐射比例（diffuse light fraction，DF）呈高度相关性（Kanniah 等，2013；Park 等，2018）。越来越多的研究表明，散射辐射比例的变化会对生态系统碳吸收产生重要影响，因此散射辐射作为影响农业生产和生态系统的一个重要环境因素，成为近年来的研究热点（Mercado 等，2009；杨晓亚等，2018）。目前为止，对于 DF 如何影响农田生态系统碳吸收的研究结论存在争议。一些研究表明，在中度多云时（中 DF），农田的碳交换量较晴朗条件下（低 DF）有明显提高（Bai 等，2012；Yang 等，2019；Zhang 等，2011a）。因此在 GPP 的模拟研究中有必要考虑散射辐射的影响。另外，在作物模型的模拟中，也应该考虑散射辐射对作物光合作用的影响（Williams 等，2016）。人们提出了几种假说来解释这种散射辐射施肥效应。对比太阳直射光，散射光可均匀地分布在冠层内部，使冠层下部叶片接收光能，从而促进冠层光合作用（Alton 等，2007；Yan 等，2020）。散射光还可能消除太阳直射条件下冠层顶部叶片受到的光抑制（Gu 等，2002）。此外，由于叶片气孔开放对光束中的蓝红光比敏感，散射光还可能刺激气孔开放，从而能促进冠层的光合作用（Dengel 和 Grace，2010）。然而，一项对于草地生态系统的研究表明，GPP 随着 DF 的增加而下降，即在晴朗天气下的 GPP ＞ 中度多云下的 GPP ＞ 重度多云下的 GPP，这主要是由于总光合有效辐射与散射辐射协同变化，总光合有效辐射随着 DF 的增加而下降，该生态系统 GPP 对 PAR 的响应比对散射辐射更加敏感（Kanniah 等，2013）。生态系统光合作用对 DF 或天空云量变化的不同响应方式可能与不同生态系统的冠层特征，如叶面积指数、叶倾角、冠层簇拥指数和不同的代谢途径有关（Emmel 等，2020；Knohl 和 Baldocchi，2008；Li 等，2023）。

3. 大气或土壤温度

大气或土壤温度是影响农田生态系统碳通量时间变化的重要因素。然而目前有关温度对生态系统 NEP 的影响的研究结论并不一致。Moureaux 等（2006）分析了欧洲一甜菜农田生态系统 NEP 残差值（$NEP_{residuals}$，是 NEP 的实际测量值与模拟值之差）与温度变化的关系，结果发现 $NEP_{residuals}$ 不随大气温度的变化而变化，说明 NEP 与温度的变化无关。然而，孙小祥等（2015）的研究则表明，农田 NEP 在小时尺度上随温度的增加而增加。由于 NEP 是 GEP 和 RE 相互平衡的结果，这些不同的研究结果可能与 GEP 和 RE 对相同温度变化的不同响应方式有关。对于温度是否会控制农田 GEP 或 NEP 季节变化，不同研究所得到的结论也有所不同。有的研究认为日均温是控制 NEP 季节变化的主要环境因子（朱咏莉等，2007）。而在冬小麦农田生态系统，当 GEP 或 NEP 在 5 月中下旬开始减少时，日均温并没有减少反而继续上升，这说明温度并不是决定 GEP 和 NEP 季节变化的因素。在年际尺度上温度如何影响农田 NEP 或 GEP 也存在一定的不确定性。虽然有研究表明，年最高温或年均温是控制农田 NEP 或 GEP 年际的主要因素（Dold 等，2017；Zhang 等，2020），但是 Lei 和 Yang（2010）发现，华北平原冬小麦农田在 2005～2009 年间，其生长季总 GEP 与生长季节平均温度呈正相关，而夏玉米生长季总 GEP 与生长季平均温度的相关性则不显著。农田 GEP 与温度不相关或呈负相关可能是由于较高的温度条件会导致较高的饱和水汽压差，气孔导度降低，叶片的光合同化作用受到限制，从而影响了 GEP 对温度变化的响应。

土壤呼吸是农田生态系统总呼吸中的重要组成部分。生态系统总呼吸的 75%来自土壤呼吸（Law 等，2001）。研究表明，大气或土壤温度是影响土壤呼吸和 RE 的重要环境因子。在短时间尺度上，如果没有水分限制，夜间 RE（孙小祥等，2015）和土壤呼吸强度（Ginting 等，2003；Hernandez-Ramirez 等，2011b）均随着温度的增加呈增加趋势。然而呼吸速率随温度增长的形式在不同的研究中存在差异。例如 Anthoni 等（2004）发现冬小麦的夜间碳通量与浅层土壤温度呈直线相关。而 Suyker 等（2004a）的研究表明，夜间 RE 随 10 cm 深土层温度呈现指数增加。其他研究则表明 RE 或土壤呼吸速率与温度的相关性可用二次曲线函数和幂函数来表达（Rochette 等，1991）。呼吸速率之所以随温度呈现不同变化趋势是因为土壤含水量、降水、根系生物量、叶面积指数和凋落物数量和质量、植被类型也会对 RE 或土壤呼吸造成影响，进而对呼吸作用和温度响应方式产生干扰作用，致使呼吸速率对温度的变化产生了不同的响应模式（Guo 等，2019）。在日尺度上，农田生态系统日或月 RE 积累值随着土壤温度的增加而增加（Anthoni，2004；Li 等，2006；Suyker 等，2004a）。Bao 等（2022）通过多元回归分析后发现，华北平原冬小麦 RE 的季节变化主要受到大气温度的控制。在年尺度上，有些研究表明年总 RE 可能与年平均温度相关性不明显（Law 等，2002），但是另外一些研究则表明作物生长季平均温度是控制生长季总 RE 年际变异的主要因素（Bao 等，2020；Gebremedhin 等，2012）。温度对白天 RE 的影响很少被讨论，这主要是因为白天 RE 无法直接观测，而是利用呼吸模型将夜间 RE 和温度反推白天 RE，因此白天 RE 与温度存在较强的自相关关系。

4. 饱和水汽压差

饱和水汽压差（vapor pressure deficit，VPD）也是影响农田生态系统碳通量的一个重要因素（Aubinet 等，2009）。对农田碳通量的日变化的研究表明，NEP 或 GEP 通常随着 VPD 呈先增加后减小的变化趋势，即农田碳吸收随 VPD 增加的趋势存在一个阈值，达到这个阈值后，VPD 的增加就会对生态系统碳吸收产生明显的抑制作用。不同研究中 VPD 的阈值有所不同。Moureaux 等（2006）的研究表明，甜菜在生长季节出现短暂的水分胁迫后，当 VPD＞1.1 kPa 时，农田碳吸收值趋于减少。Hirasawa 和 Hsiao（1999）则发现当玉米农田的 VPD＞2.0 kPa 时，农田碳吸收明显降低。Wagle 等（2017）发现无论是灌溉农田还是雨养农田，一天之中当 VPD 在 2.5～2.7 kPa 时，其净碳吸收开始下降。VPD 促进生态系统碳吸收是由于 VPD 通常与大气温度协同变化，较高的温度促进了光合作用过程中 RUBP 羧化酶的活性，因而提高了光合作用。如果周围环境中的 VPD 增大，叶片为减少水分损失会使气孔趋于关闭，从而使 CO_2 传导阻力增加，叶片胞间 CO_2 浓度减少，光合产物输出减慢，最后会阻碍植物的光合作用（Lasslop 等，2010）。VPD 还会对生态系统碳通量的光响应特征产生影响。Du 和 Liu（2013）的研究发现，高 VPD 条件下的 NEP 对光强的响应幅度低于低 VPD 条件下的响应幅度。

5. 土壤含水量

农田土壤含水量（SWC）的变化也会对生态系统碳吸收产生重要影响。土壤水分的缺乏会降低叶片含水量，从而降低叶片水势，植物固定 CO_2 的效率或表观量子效率就会下降，最后导致光合速率的降低（Zhang 等，2007）。土壤水分的缺乏还会通过影响叶面积指数来影响作物光合速率（王永前等，2008a）。这是因为土壤水分的增加有利于植被获取更多的化学能量以供作物的生长和发育。农田土壤水分过高通常被称为淹水。研究表明，农田淹水也不利于增强生态系统光合作用。这主要是因为淹水会降低叶片气孔导度，从而降低植被光合作用（Jackson 和 Hall，1987）。Dold 等（2017）的研究表明，北美的一个玉米大豆轮作农田的 GEP 的年际变异与年均 SWC 呈显著负相关，这可能与当地的土壤性质（黏土）和较高的地下水位有关。

研究表明，RE 除了与温度有关外，还与 SWC 密切相关（Powell 等，2006；Xu 和 Qi，2001）。当农田水分匮乏时，土壤水分会替代温度成为 RE 的主要影响因素（Xu 等，2004）。当农田水分比较充足时，SWC 的变化则对 RE 没有影响。Tong 等（2007）发现位于山东的一个农田生态系统的 RE 与 SWC 并没有明显的相关性，这是因为该农田的灌溉比较充分的缘故。当农田土壤水分超过一定范围时，由于土壤孔隙被水充满，土壤一大气之间的气体交换受到阻碍，土壤中的氧分含量降低，导致 CO_2 积聚，从而使有氧呼吸减弱（徐昔保等，2015）。Moureaux 等（2006）发现当 SWC 高于 $0.29\ m^3 \cdot m^{-3}$ 时，生态系统呼吸开始下降，NEP 开始增加。Fischer 等（2007）以北美南部平原的三个农田生态系统为研究对象发现 NEP 的年积累量的大小与 SWC 相关密切，即较高的 SWC 对应较高的 NEP 年积累量。这也是由于较高的 SWC 抑制了 RE，进而增强了农田净碳吸收的缘故。

SWC 还会对农田生态系统碳通量与环境的相关关系产生影响。例如 Zhang 等，（2007）的研究发现，当 $SWC > 0.14\ m^3 \cdot m^{-3}$ 时，NEP 对 PAR 变化的响应要比在 $SWC < 0.1\ m^3 \cdot m^{-3}$ 条件下 NEP 对 PAR 变化的响应敏感，即在较高的

SWC条件下，叶片通过吸收更多的光能来固定更多的碳，而较低的SWC则使NEP对光响应受到抑制，不易使植物叶片固定更多的碳。这是由于在干旱条件下，植物叶片为避免损失更多的水分，气孔趋于关闭，从而抑制叶片对CO_2的同化能力，使得植被碳吸收能力对光合有效辐射不敏感。相反，Wang等（2013）的研究表明，较高的SWC条件下，农田NEP对光的响应幅度较小，原因是较多的水分导致土壤通气较差，氧气缺乏，光合作用受到了抑制。还有研究表明，农田土壤呼吸温度敏感性系数Q_{10}与温度呈负相关，与SWC呈正相关（Flanagan和Johnson，2005；Xu和Qi，2001）。但是Zhang等（2007）对内蒙古的一个农田生态系统进行研究时发现，农田生态系统的Q_{10}随着SWC的增加呈下降的趋势。

6. 降雨

在季节尺度上，降雨对农田碳通量的影响主要体现在降雨会使碳通量在主要生长季期间变化较为剧烈，使RE呈现脉冲式变化（Wang等，2013）。这是因为降雨，尤其是比较大的降雨显著地触发了土壤微生物的呼吸作用，雨水的渗透使土壤中富含CO_2的空气发生物理位移，并将CO_2挤压到大气中（Borken等，2003；Orchard和Cook，1983）。而农田GEP或NEP可能不会与RE对降雨同时做出响应，而是在数天后才出现显著增加，即相较于RE出现滞后现象（Wang等，2013）。这是由于根际较充足的水分条件促进了根系和叶片生长，从而促进了光合作用。降雨还会对农田碳触通量的年际变异产生影响。Du和Liu（2013）的研究表明，农田年总NEE与降水（>1 mm/d）频率和生长季总降水量呈显著负相关，说明降水促进了农田碳吸收。Gebremedhin等（2012）发现美国东南部的一个以冬小麦为覆盖作物的大豆农田在降雨多的年份，其NEP、GEP和RE也较高。

二、生物因素的控制作用

1. 叶面积指数

植被叶面积指数（leaf area index，LAI）是研究植被冠层的一个重要参数，也是表征植被生长发育进程的一个重要指标。LAI 的大小决定着植被冠层对光能的吸收和反射，因此能直接影响生态系统光合作用（王希群等，2005）。在季节尺度上，LAI 是控制碳通量季节变化的重要因素之一（Wang 等，2013）。Vitale 等（2016）的研究表明，玉米农田的 LAI 可以解释 GEP 季节变异的 90%，同时 LAI 也是控制 RE 季节变异的主要因子。Suyker 等（2005）也报道了类似的研究结果。Lindner 等（2015）探讨了韩国几种不同类型的农田生态系统碳交换的调控因子，其结果表明农田 NEP 和 GEP 的季节最大值及其出现的时间在不同农田生态系统类型之间有所差异，这种差异与不同生态系统的 LAI 季节最大值有关。这些研究都说明了生态系统光合作用强烈依赖于叶片所截获的光能。此外，在一些农田生态系统中，LAI 也是调控农田生态系统碳通量年际变异的主要因素。例如，Bao 等（2020）基于连续 8 年的涡度相关观测数据发现冬小麦生长季最大 LAI 是调控冬小麦 RE 季节累积值年际变异的主要环境因子。这与 Gong 等（2015）的研究结果一致。较高的 LAI 意味着植物具有更大的光合作用面积，从而能够合成更多的光合产物，增强地上植被的呼吸作用。同时，当植物体内的可利用同化物增加时，地下自养呼吸也得到增强，因为根和根际呼吸很大程度上取决于光合同化物由地上部分向地下部分转运的数量（Curiel Yuste 等，2004）。

站点尺度上的植被 LAI 可通过叶面积仪直接测定。遥感技术的兴起为研究大尺度、大区域植被提供了有效途径。通过光学遥感技术，利用植被原始影像，视反射率影响，大气校正后的影响计算出植被归一化指数（normalized difference vegetation index，NDVI），可间接获取植被 LAI。NDVI 通常与地面 LAI 之间呈现良好的线性相关（王希群等，2005）。研究表明，农田生态系统碳通量的变化与 NDVI 密切相关。Du 和 Liu（2013）的研究发现位于中国东北的玉米农田生态系统的 NEE 的季节变化与 NDVI 的变化规律相一致，认为 NDVI 是影响该农田 NEE 季节变化的重要因素。

2. 生长季长度

近年来，植被物候学已发展成了一项非常有意义的地球系统科学。对植被物候研究的目的是探讨陆地生态系统生长季的时间和长度以及它们与气候之间的关系（Peñuelas 和 Filella，2001）。植被的物候会受到气候变化的影响，反过来又会影响陆地生态系统的碳循环过程（Richardson 等，2010）。因此，作为生态系统和气候变化的一种中间媒介，植物的物候可以解释碳通量的季节和年际变异以及它们与气候变化之间的联系（Barr 等，2004），从而帮助人们更好地理解生态系统碳循环。物候的变化对净生态系统碳交换年际变异的影响已经在站点尺度（Bao 等，2014；Wu 等，2012）和大陆尺度展开了相应的研究（Wang 等，2011）。一个典型的地表物候变量是生长季长度。不同的研究对生长季长度的定义有所不同。有的研究认为生长季的开始伴随着春季温度和光照的增加，冰雪的融化，土壤有机层的融化和光合作用的启动（Euskirchen 等，2006）。有的研究认为生长季长度指的是大气温度大于 5℃的总天数；或叶片初次展露到全部凋落所经历的天数，或者是生态系统呈净碳吸收状态的天数（碳汇持续期）。虽然不同研究对生长季长度的定义有所不同，但研究表明，生长季长度会对生态系统碳吸收的年际变异产生显著影响（Dragoni 等，2011；Zhang 等，2011b）。例如，Bao 等（2014）的研究发现碳汇持续期长短对我国华北平原典型冬小麦-夏玉米农田生态系统年固碳量有显著影响，当碳汇持续期每增加一天，NEP 和 NBP 就会每年增加（14.8±5.2）和（14.7±6.6）$g\ C \cdot m^{-2} \cdot yr^{-1}$。

与生长季长度有关的叶片萌发时间或碳汇起始日期也会影响生态系统固碳量。有关森林生态系统碳通量的研究表明，生长季的长度与叶片萌发时间密切相关，而叶片萌发时间又与春季温度关系密切，即春季越暖，叶片萌发越早，碳汇起始日期也越早，生态系统就能固定更多的碳（Black 等，2000）。对于农田生态系统，Bao 等（2014）的研究表明，碳汇起始日期与年均温呈正相关关系，较高的年均温使碳汇起始日期提前，从而延长了生长季长度，最终提高了农田年总固碳量。

三、区分环境因素和生物因素对碳通量时间变异的贡献

1. 环境因素的直接作用和间接作用

以往的研究为阐明农田生态系统碳循环对气候变化的响应与反馈机制提供了丰富的信息，但对于农田碳通量的年际变异机理的认识还不够深入，这是因为生态系统碳通量对环境的响应是复杂的。在短时间尺度上（小时或数天尺度），生态系统碳通量与环境因子的相关性（如光照对光合作用的影响，温度对生态系统酶促动力学和呼吸作用的影响等）是稳定的（Richardson 和 Hollinger，2007）。但在年尺度上，生态系统碳通量在季节尺度上对环境因子的响应可能在年际间发生变化（Chu 等，2016；Richardson 和 Hollinger，2007；Wu 等，2012）。当生态系统碳通量在季节尺度上对环境因子的响应在年际间不发生变化，环境的变化对碳通量年际变异的影响就是直接的，因为此时没有其他因素干扰环境因子-碳通量的相关关系（Hui 等，2003）。然而，生态系统碳通量在季节尺度上对环境因子的响应在年际间会因为与生态系统碳循环有关的生物过程（如植物生理、养分状况、冠层结构、植被物候等）的变化而产生差异。Hui 等（2003）将这种生物过程定义为生态系统的生物功能，这种生物功能的变化又是环境因子长期影响的结果（Polley 等，2010）。可见，环境的变化会对碳通量的年际变异产生直接影响，也会通过控制生物功能的变化对其产生间接影响。因此，要想深入理解农田生态系统碳交换特征及其变异机理，就有必要对环境变化的直接作用（环境的季节变异和年际变异）和环境变化的间接作用（生物功能的变化）对农田生态系统碳通量年际变异的贡献进行区分和量化。

2. 多元回归-斜率同质模型

Hui 等（2003）首次提出利于多元回归-斜率同质（MLR-HOS，multiple linear regression-homogeneity of slopes）模型（HOS 模型）区分并量化环境的直接作用和生物功能变化对农田生态系统碳通量的影响。此后，该模型在深入揭示生态系统碳通量年际变异机制方面得到了广泛应用。该模型的表述方式如下：

$$Y_{ij}=a+\sum_{k=1}^{m}b_kX_{ijk}+\sum_{k=1}^{m}b_kX_{ijk}+e_{ij} \tag{3-1}$$

其中，i 代表第 i 年，取 1，2，3，…，y（本研究中 $y=10$）；j 代表一年中的第 j 周，$j=1$，2，3，…，n（本研究中 $n=45$）；k 代表第 k 个自变量，$k=1$，2，…，m（本研究中 $m=6$），6 个自变量分别是光合有效辐射、大气温度、土壤温度、饱和水汽压差、土壤含水量和大/小降雨频率（具体自变量根据因变量进行选择）。Y_{ij} 为某个因变量，如 NEE、GEP 或 RE。X_{ijk} 代表的是第 i 年第 j 周第 k 个自变量的大小。b_{ik} 代表年份与第 k 个自变量之间关系的斜率。e_{ij} 代表与 Y_{ij} 有关的随机误差。为了检测生物功能变化的影响是否存在，设原始假设 H_0（H_0：$b_{ik}=0$），其相反假设 H_1（H_1：$b_{ik}\neq 0$）。如果 H_0 的假设被接受，那么每年的相关斜率在年际间差异不显著，此时生物功能的变化不会对因变量的年际变异产生影响，公式（3-1）可简化为以下 MLR 模型：

$$Y_{ij}=a+\sum_{k=1}^{m}b_kX_{ijk}+e_{ij} \tag{3-2}$$

如果 H_0 的假设被拒绝，那么光响应参数与环境因素之间的线性关系的斜率在年际间存在明显差异，说明生物功能的变化会影响参数的年际变异。公式（3-1）就可以简化为以下 HOS 模型：

$$Y_{ij}=a+\sum_{k=1}^{m}b_{ik}X_{ijk}+e_{ij} \tag{3-3}$$

当用 HOS 模型检测到生物功能的变化对因变量的年际变异产生影响后，因变量的年际变异可分解为四个部分，这个步骤可通过把模拟值（MLR 模型模拟值和 HOS 模型模拟值）和观测值的方差（SS_T）进行分解而实现：

$$SS_T = SS_f + SS_{ie} + SS_{se} + SS_e \tag{3-4}$$

其中，SS_f代表生物功能变化所导致的方差，SS_{ie}表示的是环境因素的年际变异所导致的方差，SS_{se}表示环境因素的季节变异所导致的方差，SS_e表示随机误差。

其计算公式分别是：

$$SS_f = \sum_{i=1}^{y} \sum_{j=1}^{n} (\hat{Y}_{ij}' - \hat{Y}_{ij})^2 \tag{3-5}$$

$$SS_{ie} = \sum_{i=1}^{y} \sum_{j=1}^{n} (\hat{Y}_{ij} - \overline{Y}_{.j})^2 \tag{3-6}$$

$$SS_{se} = \sum_{i=1}^{y} \sum_{j=1}^{n} (\overline{Y}_{.j} - \overline{Y})^2 \tag{3-7}$$

$$SS_e = \sum_{i=1}^{y} \sum_{j=1}^{n} (Y_{ij} - \hat{Y}_{ij}')^2 \tag{3-8}$$

其中，$\hat{Y}_{ij}$和$\hat{Y}'_{ij}$分别代表公式（3-3）和公式（3-4）对因变量的预测值，$\overline{Y}_{.j}$表示所有年份的第j周预测值的平均值，$\overline{Y}$为所有时期预测值的平均值。上述各部分方差和总方差的比值，就是该部分对各因变量年际变异的贡献比例。在具体的研究中，用HOS模型量化并区分环境和生物因素对碳通量年际变异的大致步骤如下：

① 构建：首先利用多元逐步回归法分析季节尺度上多年因变量（NEE、GEP、RE或模型参数）与环境因素的关系。输入变量是光合有效辐射、大气温度、土壤温度、土壤含水量、降水量、降水频率和饱和水汽压差，得到一个因变量与环境因素的多元回归模型。

② 重新构建：采用非线性回归法获取MLR模型中的环境变量与因变量相关性的斜率b_{ik}，使用一般回归模型中的Univariante判断不同环境因素与因变量的相关性在年际之间是否存在显著差异，如果差异显著，说明生物功能变化会对因变量的年际变异产生影响。此时，利用与因变量的相关性在年际间差异显著的环境变量重新构建一个新的非线性回归模型，也就是HOS模型。

③ 验证：利用原始通量数据对所得到的HOS模型（$b_{ik} \neq 0$）进行验证：如果生物功能变化会对因变量的年际变异产生影响，那么HOS模型的模拟值与原

始观测数据的相关性应高于 MLR 模型（$b_{ik}=0$）的模拟值与原始观测数据的相关性。

④ 区分量化：如果生物功能的变化会对因变量的年际变异产生影响，则利用公式（3-5）至公式（3-8）区分环境的季节变异、环境的年际变异、生物功能变化和随机误差对因变量年际变异的贡献率。

本书以 ChinaFLUX 禹城站和栾城站典型冬小麦/夏玉米轮作农田为例，阐明 2003～2012 年间和 2007～2012 年间农田生态系统碳通量光响应因素的年际变异的环境和生物控制机制，并区分和量化二者对碳通量年际变异的贡献。

在禹城站，多元回归分析表明在季节尺度上土壤湿度、大气温度以及 VPD 显著地影响表观量子效率。然后可以利用 HOS 模型来分析这些环境条件的变化对光响应参数的控制作用是否在年际间有所差异。我们发现 VPD 对表观量子效率的季节变异的控制在年际间存在显著差异（表 3-2），这一结果表明表观量子效率的年际变异部分是由生态系统生态过程的生物功能变化所引起的。多元回归分析表明，T_s、VPD 和 SWC 的变化显著影响 A_{max} 和 R_d。其中 SWC 和 VPD 对 A_{max} 和 R_d 的控制在年际间存在显著差异（表 3-2），所以生物功能的变化对 A_{max} 和 R_d 年际变异也有所贡献。在栾城农田中，我们发现对于表观量子效率，只有大气温度进入到多元回归模型中。对于 A_{max}，土壤温度和 VPD 进入了多元回归模型中。对于白天生态系统呼吸，只有土壤温度进入了多元回归模型中。大气温度对表观量子效率的控制作用以及土壤温度对白天呼吸的控制作用在年际间差异不显著，因此生态系统生物功能的变化不会对表观量子效率以及白天呼吸产生影响。土壤温度对生态系统最大光合速率的控制在年际间差异显著，因此生物功能变化对生态系统最大光合速率的年际变异的影响是存在的。

统计分析表明了在禹城站，生物功能的变化，环境因子的年际变异，环境因子的季节变异和随机误差对农田生态系统表观量子效率的年际变异的贡献率分别为 14.5%、14.9%、33.3% 和 37.3%。生物功能的变化能够分别解释生态系统最大光合速率以及生态系统呼吸年际变异的 3.4%和 5.2%。在栾城站，环境因子的年际变异，环境因子的季节变异和随机误差分别可以解释表观量子利用效率年际变异的26.2%、31.5%、42.2%，可以解释白天生态系统呼吸年际变异的26.8%、37.1%、36%。生物功能变化可以解释生态系统最大光合速率年际变异的8%(表3-3)。因此生态系统环境因素的季节变异是光响应参数年际变异的主要控制因素。

表3-2 利用HOS模型分析禹城（YC)和栾城（LC)光响应参数(α、A_{max}和R_d)年际变异机制的方差分析表

参数	YC					LC				
	Source	SS	MS	F	p	Source	SS	MS	F	p
α	HOS model	0.000 373	0.000 018	12.51	0	HOS model	0	0	3.72	0.004
	Ta	0.000 044	0.000 044	31.25	0	Ta	0	0	12.31	0.001
	VPD	0.000 047	0.000 047	33.32	0	Year * Ta	0	0	1.45	0.221
	SWC	0.000 037	0.000 037	25.91	0					
	VPD * Year	0.000 027	0.000 003	2.13	0.03					
	Error	0.000 45	0.000 001			Error	0	0		
A_{max}	HOS model	734.59	61.21	23.34	0	HOS model	238.52	23.85	11.95	0
	Ta	164.70	164.70	62.79	0	Ts	173.85	173.85	87.11	0
	VPD	88.47	88.47	33.73	0	VPD	19.61	19.61	9.82	0.002
	SWC	25.22	25.22	9.61	0.002	Year * Ts	30.66	7.66	3.84	0.006
	SWC * Year	64.27	7.14	2.723	0.004					
	Error	855.01	2.62			Error	195.58	1.99		
R_d	HOS model	4.92	0.23	23.62	0	HOS model	0.93	0.18	16.01	0
	Ta	0.63	0.63	64.19	0	Ts	0.88	0.88	75.86	0
	VPD	0.10	0.10	10.61	0.001	Year * Ts	0.03	0.008	0.67	0.611
	SWC	0.26	0.26	26.83	0					
	Year * SWC	0.28	0.03	3.17	0.001					
	Year * VPD	0.25	0.028	2.80	0.004					
	Error	3.15	0.01			Error	1.20	0.012		

注：α 代表NEE光响应模型中的表观量子效率，A_{max}代表生态系统最大光合速率，R_d代表白天生态系统呼吸速率。Year * Ta代表年份与温度互作。Ta代表大气温度，VPD代表饱和水汽压差，SWC代表浅层土壤含水量。

表 3-3　禹城（YC）和栾城（LC）农田生态系统的生物功能变化，环境因素的年际变异，环境因素的季节变异以及随机误差对光响应参数（α、A_{max}和R_d）年际变异的贡献（%）

站点	作物类型	参数	生物功能变化	环境因素的年际变异	环境因素的季节变异	随机误差
YC	一整年	α	14.5	14.9	33.3	37.3
		A_{max}	3.4	16.7	43.6	36.3
		R_d	5.2	16	48	30.5
	冬小麦	α	4.7	14.4	50.7	30.1
		A_{max}	—	7.8	69.2	22.9
		R_d	3.8	12	63.3	20
	夏玉米	α	—	18	29.2	52.1
		A_{max}	15.1	15	28	41.8
		R_d	15.7	16	16.5	51.8
LC	一整年	α	—	26.2	31.5	42.2
		A_{max}	8	14.2	47.9	29.8
		R_d	—	26.8	37.1	36
	冬小麦	α	—	26.8	32.4	40.8
		A_{max}	—	29.9	43.1	27
		R_d	—	13.3	45.9	40.8
	夏玉米	$\alpha/A_{max}/R_d$	—	—	—	—

以上结果表明了大气温度和水分条件的季节变异是农田生态系统光响应参数年际变异的主要变异来源。在禹城站，生物功能的变化会通过饱和水汽压差（VPD）的变化影响表观量子效率α。这一结果说明了饱和水汽压差会通过控制气孔的开合来影响α。生物功能的变化会通过土壤含水量而不是饱和水汽压差来

影响生态系统最大光合速率 A_{max}，这说明了生态系统的生理生态过程对土壤含水量的变化更为敏感，因为土壤湿度会对与光合作用有关的酶的生物活性产生影响。然而，在栾城站，生物功能的变化不会影响表观量子效率和白天平均生态系统呼吸的年际变异，并且生物功能的变化对 A_{max} 的年际变异的贡献率也较低（只有 8%）。这一结果表明了栾城站的作物具有较强的适应环境变化的内部调节能力（Hui 等，2003）。例如，虽然栾城站的 VPD 高于禹城站的 VPD，但是栾城站的作物更容易适应环境条件的变化，这样就导致了水分胁迫（VPD）对生物功能的影响被 T_s 的影响所覆盖。此外，土壤温度和大气温度的季节变异是控制 α 和 R_d 年际变异的两个主要因素，这一结果再次表明了由于栾城站的作物具有较好的应对水分胁迫的环境条件作出相应的内部调整的能力。两个站点生态系统生物功能的变化对光响应参数年际变异的贡献比例的不同可能是由于两个站点在作物品种、灌溉措施、土壤结构、地下水位、土壤含水量的测量方法、观测年限的长短以及作物残留物方面的不同所引起的。此外，虽然两站点用来拟合光合参数的原始数据大致相似，但是利用同一时间段（两个站点都是 7 天的窗口）拟合出的参数的数据量却有所不同，这一结果也可能会导致贡献来源的比例的不同。

值得注意的是两个站点的随机误差对光响应参数的年际变异的贡献比例是很大的（表 3-2）。当以全年的参数的年际变异为研究对象时，禹城站和栾城站的随机误差的比例均在 30% 以上。斜率同质模型中的因变量，也就是直角双曲线中的三个参数是通过经验方程拟合原始数据而得到的。在此分析过程中，公式本身、原始数据的观测以及拟合参数的过程都会存在着局限性、不确定性和误差，这样就可能造成最终误差增大的结果。因此未来研究中，为了精确量化生态系统生物功能变化和气象要素对标量通量或相关的参数的年际变异的贡献，选取拥有较长观测年份的完整的质量较高的通量和气象数据库是非常有必要的。

3. 控制因素之间的自相关

一般来说，控制生态系统碳交换变化的因素彼此都是密切相关的。例如，作物物候变化强烈依赖于温度的升高或下降（Legris 等，2016），环境温度和水分状况的变化对冠层光合作用有重要影响（Tingey 等，2007）。在控制因素之间存在自相关性的情况下，必须对控制因素各自的影响进行区分和量化，以确定每种因素的影响程度以及哪种影响最为重要。近年来，通径分析方法在拆分和量化不同因素对生态系统碳通量季节或年际变异的贡献的相关研究中得到了广泛的应用。通径分析是一种以多元回归为基础的统计分析方法。通径分析不仅能够构建自变量和因变量之间的控制路径，还能区分出自变量对因变量的直接和间接控制作用（Schemske 和 Horvitz，1988）。通径分析主要利用通径图表示，Schemske 和 Horvitz（1988）和 Huxman 等（2003）使用通径图解释了通径分析的机理（图 3-4）。直接通径系数是多元回归方程中的标准偏回归系数（standardized partial-regression coefficient），间接通径系数是所有可能路径中标准偏回归系数的综合值。总通径系数是直接通径系数和间接通径系数的加和值。因此，通径系数代表自变量对因变量可能的控制作用。通径分析的原理可用公式（3-9）、公式（3-10）和图 3-4 来表示：

$$R_{ac} = P_{ca} \tag{3-9}$$

$$R_{ab} = P_{ba} + P_{bc} \times P_{ca} \tag{3-10}$$

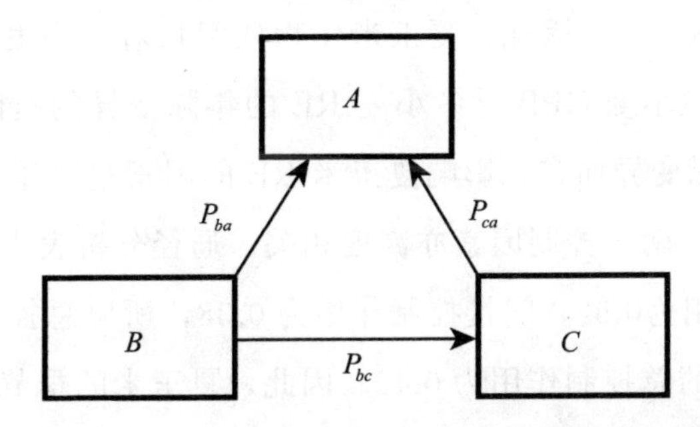

图 3-4 自变量 B 和自变量 C 对因变量 A 的控制作用的通径分析图

注：P_{ba} 和 P_{ca} 表示 B 和 C 对 A 的直接控制作用（直接通径系数）；P_{bc} 表示 B 对 C 的直接控制作用（直接通径系数）；图改自 Schemske 和 Horvitz (1988)。

以 ChinaFLUX 栾城试验站典型冬小麦/夏玉米轮作农田为例，该农田 2008 年、2009 年、2010 年、2011 年和 2012 年的年 RE 值（用 Arrhenius 模型计算 1

月1日至12月31日的RE积累值）分别为（1400.94±86.23）、（1172.80±52.74）（年值±不确定年值，下同）、（1473.07±76.60）、（1445.06±79.47）和（1575.56±70.87）$g\ C \cdot m^{-2} \cdot yr^{-1}$。2007～2008年、2008～2009年、2009～2010年、2010～2011年和2011～2012年的冬小麦的RE分别为（681.96±40.87）、（639.98±52.65）、（668.64±47.77）、（629.07±57.62）和（471.76±38.68）$g\ C \cdot m^{-2} \cdot yr^{-1}$。2008年、2009年、2010年、2011年和2012年夏玉米的RE值分别为（633.88±57.29）、（433.91±38.65）、（715.43±65.39）、（743.28±69.40）和（826.89±71.29）$g\ C \cdot m^{-2} \cdot yr^{-1}$。简单相关和皮尔逊相关分析表明，冬小麦RE的年际变异受到冬小麦GPP和前一季的夏玉米作物残留碳的显著控制，皮尔逊相关系数（r）分别为0.806和0.859。皮尔逊相关分析还表明，冬小麦GPP和前一季的夏玉米作物残留碳高度相关（$p<0.05$），说明前一季的夏玉米作物残留碳通过影响冬小麦GPP间接影响冬小麦RE的年际变异。由于两个控制变量存在高度自相关关系，故采用通径分析方法计算二者对冬小麦RE的年际变异的贡献率。结果如表3-4所示。冬小麦上一季的夏玉米残留碳的直接控制作用为0.37，其间接控制作用为0.33，故其总控制作用为0.7。同理，冬小麦生长季总GPP对RE年际变异的总控制作用为0.46。因此，夏玉米作物残留物对冬小麦RE年际变异的贡献率为81.2%，而冬小麦GPP对冬小麦RE的年际变异的贡献率为19.8%。对于夏玉米RE的年际变异而言，影响夏玉米RE的因素是夏玉米的季节平均温度和其生长季LAI_{max}。两个控制因素亦高度相关。通径分析表明，夏玉米的季节平均温度直接控制作用为0.52，间接控制作用为0.38，所以总控制作用为0.90。同理，生长季LAI_{max}的总控制作用为0.42。因此，夏玉米的季节平均温度对夏玉米RE的年际变异的贡献率为68.2%，而生长季LAI_{max}对夏玉米RE的年际变异的贡献率为31.8%。

表 3-4　ChinaFLUX 栾城试验站冬小麦和夏玉米 RE 年际变异的控制因素的直接作用和间接作用

碳通量	影响因素	系数			影响程度/%
		直接作用	间接作用	控制作用总和	
冬小麦呼吸作用	上一季夏玉米秸秆残留量	0.37	0.72×0.46	0.70	81.2
	冬小麦光合作用	0.46	—	0.46	19.8
	二因素之和			1.16	
夏玉米呼吸作用	夏玉米生长季平均气温	0.52	0.91×0.42	0.90	68.2
	夏玉米最大叶面积指数	0.42	—	0.42	31.8
	二因素之和			1.32	

四、农田管理措施的控制作用

由生态系统碳平衡原理可知，作物在生长季所固定的碳会通过籽粒的收获的方式损失掉，因此农田生态系统通常表现为碳源或碳中性。农田管理措施的应用，如灌溉、秸秆还田、免少耕、覆盖作物等，会对农田碳循环产生重要影响。基于模型模拟和田间观测的研究表明，科学应用农田管理措施可缓解农田生态系统碳排放（从碳源向碳中性转变），甚至会使农田从碳源或碳中性向碳汇方向转变。

1．秸秆还田

秸秆一般占作物生物量的50%左右（尹春梅等，2008）。秸秆还田是把不宜直接作饲料的秸秆直接或堆积腐熟后施入土壤中的一种方法。作为一种人类能够直接利用的可再生有机能源，该农田措施近年来在我国得到了大面积的推广和应用。然而，秸秆的投入会对土壤碳排放和农田生态系统碳通量产生重要影响（Alberto 等，2015）。Bao 等（2022）基于涡度相关技术探讨了秸秆还田对华北冬小麦/夏玉米轮作农田生态系统呼吸季节累积值年际变异的影响发现，下一季作物（夏玉米）的呼吸值与冬小麦收割后的秸秆还田量呈显著正相关，表明了秸秆还田对下一季作物的生态系统呼吸产生了显著影响，促进了农田碳排放。Hernandez-Ramirez 等（2011b）发现在秋季大豆玉米轮作农田的 CO_2 释放量显著增加，这一结果部分归因于收获时作为微生物呼吸底物的玉米残留物的增加。秸秆还田对农田碳通量产生影响的机制可以概括为由于作物秸秆施入土壤后土壤微生物呼吸底物的增加，微生物活性增强，秸秆中易降解物质迅速降解，从而释放出大量的 CO_2（Ginting 等，2003）。秸秆还可以通过改变地表的反射率和热传导改变土壤温度，影响土壤有机碳的矿化过程和土壤呼吸，从而影响生态系统碳排放（Fang 和 Moncrieff，2001；Raich 和 Tufekciogul，2000）。

虽然秸秆还田会促进生态系统碳排放，但并不是所有秸秆都会被分解。Lal 和 Bruce（1999）指出大约有 10%的作物残留物会被土壤所固定并转化为稳定的土壤有机物，其余的残留物则被土壤微生物分解。因此，目前大部分研究认为秸秆还田有利于农田土壤固碳（徐昔保等，2015）。如地处我国太湖流域的江苏省、上海市和浙江省，采用秸秆还田措施将使其农田土壤固碳潜力分别达 46 $kg\ C \cdot hm^{-2} \cdot yr^{-1}$，25 $kg\ C \cdot hm^{-2} \cdot yr^{-1}$ 和 29 $kg\ C \cdot hm^{-2} \cdot yr^{-1}$（陈泮勤等，2008）。不同类型的秸秆对农田土壤固碳的贡献也可能不同。Hernandez-Ramirez 等（2009）观察到，在玉米大豆轮作农田中，与种植玉米相比，种植大豆后土壤表层有机碳含量降低了 10%。这些结果在一定程度上可归因于大豆残留物与玉米残留物在数量和质量上的差异。大豆残留物质量比玉米残留物大约少 $\frac{1}{4}$，碳氮比低 $\frac{1}{2}$（Hernandez-Ramirez 等，2011）。Johnson 等（2005）和 Hernandez-Ramirez 等（2011c）认为，大豆残留物的数量对土壤固碳的贡献较低，且富氮大豆残渣对土壤碳循环的激发效应会导致现有土壤有机碳的微生物呼吸损失增加。

2. 免少耕

传统耕作方式会破坏土壤团聚体结构，增加土壤孔隙度，使更多的氧气进入土壤，进而加速土壤有机质的分解和土壤碳排放（孙宝龙等，2020）。面对传统耕作造成的土壤退化等问题，免少耕已经成为农业可持续发展的重要组成部分（Zhang 等，2014）。相对于传统耕作，免少耕能够减少土壤扰动，增加土壤大团聚体的数量，从而能够提高耕地有机碳固持，减少土壤有机质分解，提高土壤肥力，有利于农作物的生长和发育（Sheehy 等，2015）。由于免少耕改变了土壤物理结构及土壤有机质含量，因此越来越多的研究开始关注该农田管理措施对农田碳循环的影响，然而研究结果并不一致。一部分基于通量观测的研究表明，免少耕会减少农田碳损失并增加农田碳蓄积。一项针对农田管理措施对北美玉米-大豆轮作农田碳通量及其组分的影响的研究表明，在不考虑籽粒收获的情况下，免少耕玉米农田比传统耕作农田每年多固定约 140 g Cm^{-2}，免少耕玉米和大豆农田 RE 均低于传统耕作农田，说明了前者通过减少生态系统呼吸提高了农田的固碳能力。Bernacchi 等（2005）的研究表明，美国全国范围内的玉米/大豆农田目前是个碳源，每年的碳排放量约为 7.2 Tg C・yr^{-1}，其中一部分为免耕农田，每年可吸收约为 2.2 Tg C・yr^{-1} 的碳，其余部分为传统耕作农田，每年排放 9.4 Tg C・yr^{-1}的碳。如果把传统耕作的农田都转变为免耕农田，美国的玉米/大豆轮作农田将是一个巨大的碳汇，可每年固定约为 21.7 Tg C・yr^{-1}的碳，可以缓解目前该国每年碳排放量的 2%。然而另外一部分则研究认为，免少耕不会增加农田固碳潜力。例如，Baker 和 Griffis（2005）发现美国中西部传统耕作农田的 NEP 和 NBP 均高于少耕覆盖农田的 NEP 和 NBP。这可能是由于部分覆盖作物分解导致了较高 RE 和较低的 NEP 的缘故。

3. 灌溉

到目前为止，关于灌溉是否能增加农田生态系统固碳量或能否缓解农田碳排放仍然存在争议。比较一致的观点是灌溉可增强农田的 GEP 和 RE（Dalmagro 等，2022；Suyker 和 Verma，2012；Verma 等，2005；Wagle 等，2017）。这是因为在一定范围内，增加土壤含水量可促进叶片气孔开放，从而促进光合作用，使植被合成更多的碳水化合物（王永前等，2008b）。由于冠层光合作用是 RE 的驱动因素，因此较高的土壤含水量也会增强 RE。然而，由土壤含水量的增加而增强的 RE 可能会抵消增强的 GEP，导致灌溉农田的 NEP 与雨养农田的 NEP 相比差异较小（Dalmagro 等，2022；Verma 等，2005）。因此一个农田生态系统究竟是碳源还是碳汇主要取决于灌溉条件下作物的产量和被移除的碳。Verma 等（2005）对比分析了灌溉和雨养玉米连作农田和玉米/大豆轮作农田的年碳交换量，结果表明，灌溉和雨养玉米和大豆农田的 NEP 年总量差异不大。对于玉米农田而言，当考虑到收获后，灌溉玉米的 NBP（7～42 g Cm^{-2}）远低于雨养玉米的 NBP（175 g Cm^{-2}），说明灌溉不利于农田固碳；大豆农田在两种条件下则均为碳源，NBP 分别为－225 g Cm^{-2} 和－171 g Cm^{-2}（正号代表碳吸收，负号代表碳排放），说明对于大豆农田，灌溉促进了生态系统碳排放。然而另外一些研究得到了相反的结论。Dalmagro 等（2022）探讨了位于巴西的以种植大豆和玉米为主的灌溉农田和雨养农田的碳交换特征后发现，灌溉农田的 GEP 和 RE 均高于雨养农田，但两种农田的年总 NEP 则差异不大。当考虑到收获后，虽然灌溉和雨养农田都是碳源，但是灌溉农田的碳排放量（18 g Cm^{-2}）显著低于雨养农田（121 g Cm^{-2}），说明了灌溉有利于农田碳排放。Suyker 和 Verma（2012）也报道了灌溉农田在研究初期为碳中性，随后逐渐向碳汇方向转变，而雨养农田则一直为碳中性，说明灌溉措施有利于农田固碳。由此可见，关于灌溉是否有利于农田固碳还需要更进一步的研究。

如果在灌溉条件下，农田净碳吸收量（NEP）大于被移除的碳，说明农田是固碳的，而这部分碳则储存在了土壤中，导致土壤有机碳含量的增加。因此有些研究还通过测定土壤有机碳含量来确定灌溉在农田碳循环中的作用。Emde 等（2021）基于大量文献数据分析了灌溉与土壤有机碳含量的关系后发现，总体而言，灌溉是有利于土壤有机碳含量增加的，然而不同的灌溉措施下，土壤有机碳含量变化的幅度因土壤类型、气候条件、灌溉方式和土层深度而异。例如，喷灌能使土壤有机碳含量增加，而浅埋滴灌不利于农田固碳（Emde 等，2021）。

4. *施肥*

向农田投入的肥料种类包括有机肥、复合肥和无机肥。肥料的应用不仅会影响作物的生长，还会影响土壤微生物的活性，进而影响生态系统碳循环（Li 等，2017）。在这些肥料中，氮肥对农田碳通量的影响受到了广泛关注，这主要是因为氮肥是应用最广泛的肥料类型之一。据报道，全球每年向农田投入的氮肥总量高达 100 kg N · hm $^{-2}$（Yan 等，2021）。一般来说，农田作物在生长过程中普遍存在氮素不足的现象，而氮素与植物光合器官的合成密切相关，叶片的光合能力与叶片氮浓度之间存在着显著正相关关系（Sugiharto 等，1990），因此适量施氮可促进作物的生长和增加作物的叶面积指数，从而增强 GEP（Moinet 等，2016；Sampson 等，2006）。RE 是由植被地上呼吸，土壤异养呼吸和自养呼吸组成的。适量施氮肥可促进地上植被呼吸，这主要是因为氮素促进了作物生长并增加了地上生物量（Yan 等，2021）。适量施氮可增加农田土壤大团聚体的比例，降低微团聚体的比例，促进作物根系生长和土壤微生物活性，进而促进土壤呼吸（Cleveland 和 Townsend，2006；Gao 等，2014）。因此适量施氮也可增强 RE。然而，过量施氮会导致植物叶片蛋白和叶绿素含量下降，同时对光合系统有所损伤，导致叶片光合能力下降。此外，过量施氮还会减少向作物根系的碳分配，降低根系呼吸，同时抑制微生物活性进而降低土壤微生物呼吸（Janssens 等，2010；Phillips 和 Fahey，2007）。因此过量施氮会降低农田生态系统 GEP 和 RE。由于 NEP 是 GEP 和 RE 平衡的结果，NEP 对氮添加的响应的方式取决于 GEP 和 RE 对氮添加的敏感性的差异。不同类型农田生态系统由于作物种类、土壤特性和环境条件的不同，对同一氮素水平变化的响应模式也有可能不同。以往大部分研究基于箱式法探讨施氮对农田生态系统碳通量的影响，尚缺乏基于涡度相关观测的农田碳通量对施氮水平的响应的对比研究。

5. *覆盖作物*

在两季作物之间，许多农田有一段没有作物生长的空闲时间，如果在这段时间种上某种不以收获为目的的植物，使农田土壤表面仍能被植被覆盖，这种植物则被称为覆盖作物（cover crop）。在国外，尤其在美国，免耕法和覆盖作物是一脉相承的农田管理方式。虽然覆盖作物有利于作物产量的提高和保持水土（潘启元，1992)，但最近的研究表明该农田管理措施会增加农田碳排放，从而对农田碳收支产生显著影响（Bavin等，2009)。Jans等（2010）的研究表明，在农闲时覆盖作物——黑麦农田生态系统相对于玉米生长季为一个显著的碳源，使玉米农田生态系统的全年固碳量降低了44%。Baker和Griffis（2005）以美国的玉米/大豆轮作农田作为研究对象，发现虽然大豆种植前的春季覆盖作物能够固定更多的碳，但经过除草剂的使用导致其迅速死亡，由碳的吸收转变为碳的排放，且覆盖作物的残存物又会抑制大豆的初始生长，因此覆盖作物这种农田管理方式不会使农田固定更多的碳。一项关于稻草覆盖对冬闲稻田碳通量的影响的研究表明，稻草覆盖处理下的农田为一个碳源，无稻草覆盖处理的农田为一个碳汇，说明作物覆盖促进了农田的碳排放（尹春梅等，2008)。

参考文献

Alberto M C R，2015. Straw incorporated after mechanized harvesting of irrigated rice affects net emissions of CH4 and CO_2 based on eddy covariance measurements [J]. Field Crops Research，184：162-175.

Alton P B，Ellis R，Los S O，et al.，2007. Improved global simulations of gross primary product based on a separate and explicit treatment of diffuse and direct sunlight [J]. journal of geophysical research，112.

Anthoni P，2004. Forest and agricultural land-use-dependent CO_2 exchange in Thuringia，Germany [J]. Global change biology，12 (10).

Aubinet M，1999. Estimates of the annual net carbon and water exchange of forests：the EUROFLUX methodology，Advances in ecological research [J]. Elsevier，pp. 113-175.

Aubinet M，2009. Carbon sequestration by a crop over a 4-year sugar beet/winter wheat/seed potato/winter wheat rotation cycle [J]. Agricultural and Forest Meteorology，149 (3-4)：407-418.

Bai Y，Wang J，Zhang B，et al.，2012. Comparing the impact of cloudiness on carbon dioxide exchange in a grassland and a maize cropland in northwestern China [J]. Ecological research，27 (3)：615-623.

Baker J M，Griffis T J，2005. Examining strategies to improve the carbon balance of corn/soybean agriculture using eddy covariance and mass balance techniques [J].

Agricultural & Forest Meteorology, 128 (3): 163-177.

Baldocchi D, 2001. FLUXNET: A new tool to study the temporal and spatial variability of ecosystem-scale carbon dioxide, water vapor, and energy flux densities [J]. Bulletin of the American Meteorological Society, 82 (11): 2415-2434.

Baldocchi D, 2008. 'Breathing' of the terrestrial biosphere: lessons learned from a global network of carbon dioxide flux measurement systems [J]. Australian Journal of Botany, 56 (1): 1-26.

Baldocchi D, Chu H, Reichstein M, 2018. Inter-annual variability of net and gross ecosystem carbon fluxes: A review [J]. Agricultural and Forest Meteorology, 249: 520-533.

Baldocchi D D, 2003. Assessing the eddy covariance technique for evaluating carbon dioxide exchange rates of ecosystems: past, present and future [J]. Global change biology, 4 (9).

Bao X, Li Z, Xie F, 2019. Environmental influences on light response parameters of net carbon exchange in two rotation croplands on the North China Plain [J]. Scientific Reports, 9 (1): 1-12.

Bao X, Li Z, Xie F, 2020. Eight years of variations in ecosystem respiration over a residue-incorporated rotation cropland and its controlling factors [J]. Science of The Total Environment, 733: 139-325.

Bao X, Wen X, Sun X, 2022. Effects of environmental conditions and leaf area index changes on seasonal variations in carbon fluxes over a wheat-maize cropland rotation [J]. International Journal of Biometeorology, 66 (1): 213-224.

Bao X, Wen X, Sun X, et al., 2022. The effects of crop residues and air temperature on variations in interannual ecosystem respiration in a wheat-maize crop rotation in China [J]. Agriculture, Ecosystems & Environment, 325: 107-728.

Bao X, Wen X, Sun X, et al., 2014. Interannual variation in carbon sequestration depends mainly on the carbon uptake period in two croplands on the North China Plain [J]. plos one, 9 (10).

Barr A, 2002. Comparing the carbon budgets of boreal and temperate deciduous forest stands [J]. Canadian Journal of Forest Research, 32 (5): 813-822.

Barr A G, 2004. Inter-annual variability in the leaf area index of a boreal aspen-hazelnut forest in relation to net ecosystem production [J]. Agricultural and forest meteorology, 126 (3-4): 237-255.

Bavin T, Griffis T, Baker J, et al., 2009. Impact of reduced tillage and cover cropping on the greenhouse gas budget of a maize/soybean rotation ecosystem [J]. Agriculture, ecosystems & environment, 134 (3-4): 234-242.

Bernacchi C J, Hollinger S E, Meyers T, 2005. The conversion of the corn/soybean ecosystem to no-till agriculture may result in a carbon sink [J]. Global Change Biology, 11 (11): 1867-1872.

Béziat P, Ceschia E, Dedieu G, 2009. Carbon balance of a three crop succession over two cropland sites in South West France [J]. Agricultural and Forest Meteorology, 149 (10): 1628-1645.

Black T, 2000. Increased carbon sequestration by a boreal deciduous forest in years with a warm spring [J]. Geophysical Research Letters, 27 (9): 1271-1274.

Blanken P, 1998. Turbulent flux measurements above and below the overstory of a boreal aspen forest [J]. Boundary-Layer Meteorology, 89 (1): 109-140.

Borken W, Davidson E A, Savage K, et al., 2003. Drying and wetting effects on carbon dioxide release from organic horizons [J]. Soil Science Society of America Journal, 67 (6): 1888-1896.

Cao M, Woodward F I, 1998. Dynamic responses of terrestrial ecosystem carbon cycling to global climatechange [J]. Nature, 393 (6682): 249-252.

Chen C, 2015. Seasonal and interannual variations of carbon exchange over a rice-wheat rotation system on the North China Plain [J]. Advances in Atmospheric Sciences, 32 (10): 1365-1380.

Chu H, 2016. Response and biophysical regulation of carbon dioxide fluxes to climate variability and anomaly in contrasting ecosystems in northwestern Ohio, USA [J]. Agricultural and Forest Meteorology, 220: 50-68.

Ciais P, Tans P, Trolier M, et al., 1995. A large northern hemisphere terrestrial CO_2 sink indicated by the 13C/12C ratio of atmospheric CO_2 [J]. Science, 269 (5227): 1098-1102.

Cleveland C C, Townsend A R, 2006. Nutrient additions to a tropical rain forest drive substantial soil carbon dioxide losses to the atmosphere [J]. Proceedings of the National Academy of Sciences, 103 (27): 10316-10321.

Curiel Y J, Janssens I, Carrara A, et al., 2004. Annual Q10 of soil respiration reflects plant phenological patterns as well as temperature sensitivity [J]. Global Change Biology, 10 (2): 161-169.

Dalmagro H J, 2022. Carbon exchange in rainfed and irrigated cropland in the Brazilian Cerrado [J]. Agricultural and Forest Meteorology, 316: 108-881.

Dengel S, Grace J, 2010. Carbon dioxide exchange and canopy conductance of two coniferous forests under various sky conditions [J]. Oecologia, 164 (3): 797-808.

Dixon R K, 1994. Carbon pools and flux of global forest ecosystems [J]. Science, 263 (5144): 185-190.

Dold C, 2017. Long-term carbon uptake of agro-ecosystems in the Midwest [J]. Agricultural and Forest Meteorology, 232: 128-140.

Dragoni D, 2011. Evidence of increased net ecosystem productivity associated with a longer vegetated season in a deciduous forest in south-central Indiana, USA [J]. Global Change Biology, 17 (2): 886-897.

Du Q, Liu H, 2013. Seven years of carbon dioxide exchange over a degraded grassland and a cropland with maize ecosystems in a semiarid area of China [J]. Agriculture Ecosystems & Environment, 173 (6): 1-12.

Elizondo D, Hoogenboom G, McClendon R, 1994. Development of a neural network model to predict daily solar radiation [J]. Agricultural and forest meteorology, 71 (1-2): 115-132.

Emde D, Hannam K D, Most I, et al., 2021. Soil organic carbon in irrigated agricultural systems: A meta-analysis [J]. Global Change Biology, 27 (16): 3898-3910.

Emmel C, 2020. Canopy photosynthesis of six major arable crops is enhanced under diffuse light due to canopy architecture [J]. Global Change Biology, 26 (9): 5164-5177.

Eugster W F, Senn W, 1995. A cospectral correction model for measurement of turbulent NO2 flux [J]. Boundary Layer Meteorology, 74 (4): 321-340.

Euskirchen E, 2006. Importance of recent shifts in soil thermal dynamics on growing season length, productivity, and carbon sequestration in terrestrial high-latitude ecosystems [J]. Global Change Biology, 12 (4): 731-750.

Falge E, 2001. Gap filling strategies for defensible annual sums of net ecosystem exchange [J]. Agricultural and Forest Meteorology, 107 (1): 43-69.

Fang C, Moncrieff J, 2001. The dependence of soil CO_2 efflux on temperature [J]. Soil Biology and Biochemistry, 33 (2): 155-165.

FAO, 2007. Compendium of Agricultural-Environmental Indicators (1989—1991 to 2000) [J]. Statistics Analysis Service, Statistic Division, Food and Agriculture Organization of United Nations, Rome, Italy.

Fischer M L, Billesbach D P, Berry J A, et al., 2007. Spatiotemporal variations in growing season exchanges of CO_2, H_2O, and sensible heat in agricultural fields of the Southern Great Plains [J]. Earth Interactions, 11 (17): 1-21.

Flanagan L B, Johnson B G, 2005. Interacting effects of temperature, soil moisture and plant biomass production on ecosystem respiration in a northern temperate grassland [J]. Agricultural and Forest Meteorology, 130 (3-4): 237-253.

Foken T, Wichura B, 1996. Tools for quality assessment of surface-based flux measurements [J]. Agricultural and forest meteorology, 78 (1-2): 83-105.

Francl L, Panigrahi S, 1997. Artificial neural network models of wheat leaf wetness [J]. Agricultural and forest meteorology, 88 (1-4): 57-65.

Fung I, 2000. Variable carbon sinks [J]. Science, 290 (5495): 1313.

Gamon J A, 2004. Remote sensing in BOREAS: Lessons learned [J]. Remote Sensing of Environment, 89 (2): 139-162.

Gao Q，Hasselquist N J，Palmroth S，et al.，2014. Short-term response of soil respiration to nitrogen fertilization in a subtropical evergreen forest [J]. Soil Biology and Biochemistry，76：297-300.

Gebremedhin M T，Loescher H W，Tsegaye T D，2012. Carbon balance of no-till soybean with winter wheat cover crop in the southeastern United States [J]. Agronomy journal，104 (5)：1321-1335.

Gifford R M，Barrett D J，Lutze J L，et al.，2000. The Carbon Cycle：The CO_2 Fertilizing Effect：Relevance to the Global Carbon Cycle. In：The carbon cycle [M]. Cambridge university press：77-92.

Gifford R M，Barrett D J，Lutze J L，et al.，2000. The Carbon Cycle：The CO_2 Fertilizing Effect：Relevance to the Global Carbon Cycle [J]. Carbon Cycle：77-92.

Gilmanov T G，2010. Productivity，respiration，and light-response parameters of world grassland and agroecosystems derived from flux-tower measurements [J]. Rangeland ecology & management，63 (1)：16-39.

Ginting D，Kessavalou A，Eghball B，et al.，2003. Greenhouse gas emissions and soil indicators four years after manure and compost applications [J]. Journal of Environmental Quality，32 (1)：23-32.

Gong D，2015. Warmer and Wetter Soil Stimulates Assimilation More than Respiration in Rainfed Agricultural Ecosystem on the China Loess Plateau：The Role of Partial Plastic Film Mulching Tillage [J]. Plos One，10 (8)：e0136578.

Griffis T，2003. Ecophysiological controls on the carbon balances of three southern boreal forests [J]. Agricultural and Forest Meteorology，117 (1-2)：53-71.

Gu L，2002. Advantages of diffuse radiation for terrestrial ecosystem productivity [J]. Journal of Geophysical Research：Atmospheres，107 (D6)：ACL 2-1-ACL 2-23.

Guo H，2019. Annual ecosystem respiration of maize was primarily driven by crop growth and soil water conditions [J]. Agriculture，ecosystems & environment，272：254-265.

Hamotani K，Yamamoto H，Monji N，et al.，1997. Development of a mini-sonde system for measuring trace gas fluxes with the REA method [J]. Journal of Agricultural

Meteorology (Janan), 53: 301-306.

Hamotani K, Yamamoto H, Monji N, et al., 1997. Development of a mini-sonde system for measuring trace gas fluxes with the REA method [J]. Journal of Agricultural Meteorology, 53 (4): 301-306.

Hernandez R G, Brouder S M, Smith D R, et al., 2009. Carbon and nitrogen dynamics in an eastern Corn Belt soil: Nitrogen source and rotation [J]. Soil Science Society of America Journal, 73 (1): 128-137.

Hernandez R G, Brouder S M, Smith D R, et al., 2011a. Nitrogen partitioning and utilization in corn cropping systems: Rotation, N source, and N timing [J]. European Journal of Agronomy, 34 (3): 190-195.

Hernandez R G, Hatfield J L, Parkin T B, et al., 2011b. Carbon dioxide fluxes in corn-soybean rotation in the midwestern US: Inter-and intra-annual variations, and biophysical controls [J]. Agricultural and forest meteorology, 151 (12): 1831-1842.

Hernandez R G, Sauer T J, Cambardella C A, et al., 2011c. Carbon sources and dynamics in afforested and cultivated corn belt soils [J]. Soil Science Society of America Journal, 75 (1): 216-225.

Hollinger S E, Bernacchi C J, Meyers T P, 2005. Carbon budget of mature no-till ecosystem in North Central Region of the United States [J]. Agricultural and Forest Meteorology, 130 (1-2): 59-69.

Houghton R, 1996. Terrestrial sources and sinks of carbon inferred from terrestrial data [J]. Tellus B: Chemical and Physical Meteorology, 48 (4): 420-432.

Hui D, Luo Y, Katul G, 2003. Partitioning interannual variability in net ecosystem exchange between climatic variability and functional change [J]. Tree Physiology, 23 (7): 433-442.

Hui D, Luo Y, Katul G, 2003. Partitioning interannual variability in net ecosystem exchange between climatic variability and functional change [J]. Tree Physiology 23: 433-442.

Huxman T, Turnipseed A, Sparks J, et al., 2003. Temperature as a control over ecosystem CO_2 fluxes in a high-elevation, subalpine forest [J]. Oecologia, 134: 537-546.

Inoue I, 1958. An aerodynamic measurement of photosynthesis over a paddy field, Proc [J]. Seventh Japan National Congress of Applied Mechanics, pp. 211-214.

Jackson M, Hall K, 1987. Early stomatal closure in waterlogged pea plants is mediated by abscisic acid in the absence of foliar water deficits [J]. Plant, Cell & Environment, 10 (2): 121-130.

Jans W W, 2010. Carbon exchange of a maize (Zea mays L.) crop: Influence of phenology [J]. Agriculture, ecosystems & environment, 139 (3): 316-324.

Janssens I, 2010. Reduction of forest soil respiration in response to nitrogen deposition [J]. Nature geoscience, 3 (5): 315-322.

Ji J, Yu L, 1999. A simulation study of coupled feedback mechanism between physical and biogeochemical processes at the surface [J]. CHINESE JOURNAL OF ATMOSPHERIC SCIENCES-CHINESE EDITION-, 23: 448-459.

Johnson J, 2005. Greenhouse gas contributions and mitigation potential of agriculture in the central USA [J]. Soil and Tillage Research, 83 (1): 73-94.

Joos F, Meyer R, Bruno M, et al., 1999. The variability in the carbon sinks as reconstructed for the last 1000 years [J]. Geophysical Research Letters, 26 (10): 1437-1440.

Kanniah K D, Beringer J, Hutley L B, 2013. Exploring the link between clouds, radiation, and canopy productivity of tropical savannas [J]. Agricultural and Forest Meteorology, 182: 304-313.

Kavzoglu T, Mather P M, 2003. The use of backpropagating artificial neural networks in land cover classification [J]. International journal of remote sensing, 24 (23): 4907-4938.

Kavzoglu T, 2009. Increasing the accuracy of neural network classification using refined training data [J]. Environmental Modelling & Software, 24 (7): 850-858.

Keeling R F, Piper S C, Heimann M, 1996. Global and hemispheric CO_2 sinks deduced from changes in atmospheric O2 concentration [J]. Nature, 381 (6579): 218-221.

Knohl A, Baldocchi D D, 2008. Effects of diffuse radiation on canopy gas exchange processes in a forest ecosystem [J]. Journal of Geophysical Research, 113.

Lal R, Bruce J, 1999. The potential of world cropland soils to sequester C and mitigate the greenhouse effect [J]. Environmental Science & Policy, 2 (2): 177-185.

Lasslop G, 2010. Separation of net ecosystem exchange into assimilation and respiration using a light response curve approach: critical issues and global evaluation [J]. Global change biology, 16 (1): 187-208.

Law B E, 2002. Environmental controls over carbon dioxide and water vapor exchange of terrestrial vegetation [J]. Agricultural and Forest Meteorology, 113 (1): 97-120.

Lee X, 1998. On micrometeorological observations of surface-air exchange over tall vegetation [J]. Agricultural and Forest Meteorology, 91 (1-2): 39-49.

Legris M, 2016. Phytochrome B integrates light and temperature signals in Arabidopsis [J]. Science, 354 (6314): 897-900.

Lei H, Yang D, 2010. Seasonal and interannual variations in carbon dioxide exchange over a cropland in the North China Plain [J]. Global change biology, 11 (16).

Lei H M, Yang D W, 2009. Seasonal and interannual variations in carbon dioxide exchange over a cropland in the North China Plain [J]. Global Change Biology, 16 (11): 2944-2957.

Lek S, 1996. Application of neural networks to modelling nonlinear relationships in ecology [J]. Ecological modelling, 90 (1): 39-52.

Leuning R, King K, 1992. Comparison of eddy-covariance measurements of CO_2 fluxes by open-and closed-path CO_2 analysers [J]. Boundary-Layer Meteorology, 59 (3): 297-311.

Leuning R, Cleugh H A, Zegelin S J, et al., 2005. Carbon and water fluxes over a temperate Eucalyptus forest and a tropical wet/dry savanna in Australia: measurements and comparison with MODIS remote sensing estimates [J]. Agricultural and Forest Meteorology, 129 (3-4): 151-173.

Li F, 2023. Vegetation clumping modulates global photosynthesis through adjusting canopy light environment [J]. Global Change Biology, 29 (3): 731-746.

Li J, 2006. Carbon dioxide exchange and the mechanism of environmental control in a farmland ecosystem in North China Plain [J]. Science in China, 49 (S2): 226-240.

Li X G, 2017. Nitrogen fertilization decreases the decomposition of soil organic matter and plant residues in planted soils [J]. Soil Biology and Biochemistry, 112: 47-55.

Lindner S, 2015. Carbon dioxide exchange and its regulation in the main agro-ecosystems of Haean catchment in South Korea [J]. Agriculture, Ecosystems & Environment, 199: 132-145.

Mas J F, Flores J J, 2008. The application of artificial neural networks to the analysis of remotely sensed data [J]. International Journal of Remote Sensing, 29 (3): 617-663.

Massman W, 2000. A simple method for estimating frequency response corrections for eddy covariance systems [J]. Agricultural and Forest Meteorology, 104 (3): 185-198.

Massman W J, Lee X, 2002. Eddy covariance flux corrections and uncertainties in long-term studies of carbon and energy exchanges [J]. Agricultural & Forest Meteorology, 113 (1-4): 121-144.

Mercado L M, 2009. Impact of changes in diffuse radiation on the global land carbon sink [J]. Nature, 458 (7241): 1014-1017.

Moinet G Y, 2016. Addition of nitrogen fertiliser increases net ecosystem carbon dioxide uptake and the loss of soil organic carbon in grassland growing in mesocosms [J]. Geoderma, 266: 75-83.

Moureaux C, 2008. Carbon balance assessment of a Belgian winter wheat crop (Triticum aestivum L.) [J]. Global Change Biology, 14 (6): 1353-1366.

Moureaux C, Debacq A, Bodson B, et al., 2006. Annual net ecosystem carbon exchange by a sugar beet crop [J]. Agricultural and Forest Meteorology, 139 (1-2): 25-39.

Myneni R B, 2002. Global products of vegetation leaf area and fraction absorbed PAR from year one of MODIS data [J]. Remote sensing of environment, 83 (1-2): 214-231.

Nichol C J, 2000. Remote sensing of photosynthetic-light-use efficiency of boreal forest

[J]. Agricultural and Forest Meteorology, 101 (2-3): 131-142.

Orchard V A, Cook F, 1983. Relationship between soil respiration and soil moisture [J]. Soil Biology and Biochemistry, 15 (4): 447-453.

Palm C, Blanco-C H, DeClerck F, et al., 2014. Conservation agriculture and ecosystem services: An overview [J]. Agriculture, Ecosystems & Environment, 187: 87-105.

Paola J D, Schowengerdt R A, 1995. A review and analysis of backpropagation neural networks for classification of remotely-sensed multi-spectral imagery [J]. International Journal of remote sensing, 16 (16): 3033-3058.

Park S, 2018. Strong radiative effect induced by clouds and smoke on forest net ecosystem productivity in central Siberia [J]. Agricultural and Forest Meteorology, 250: 376-387.

Peñuelas J, Filella I, 2001. Responses to a warming world [J]. Science, 294 (5543): 793-795.

Phillips R P, Fahey T J, 2007. Fertilization effects on fineroot biomass, rhizosphere microbes and respiratory fluxes in hardwood forest soils [J]. New Phytologist, 176 (3): 655-664.

Piao S L, Fang J Y, Guo Q H, 2001. Application of CASA model to the estimation of Chinese terrestrial net primary productivity [J]. Chinese Journal of Plant Ecology, 25 (5): 603.

Polley H W, 2010. Physiological and environmental regulation of interannual variability in CO_2 exchange on rangelands in the western United States [J]. Global Change Biology, 16 (3): 990-1002.

Powell T L, 2006. Environmental controls over net ecosystem carbon exchange of scrub oak in central Florida [J]. Agricultural and Forest Meteorology, 141 (1): 19-34.

Raich J W, Tufekciogul A, 2000. Vegetation and soil respiration: correlations and controls [J]. Biogeochemistry, 48: 71-90.

Reichstein M, 2005. On the separation of net ecosystem exchange into assimilation and ecosystem respiration: review and improved algorithm [J]. Global Change Biology, 11 (9): 1424-1439.

Richardson A D, Hollinger D Y, 2007. A method to estimate the additional uncertainty in gap-filled NEE resulting from long gaps in the CO_2 flux record [J]. Agricultural and Forest Meteorology, 147 (3-4): 199-208.

Richardson A D, 2010. Influence of spring and autumn phenological transitions on forest ecosystem productivity [J]. Philosophical Transactions of the Royal Society B: Biological Sciences, 365 (1555): 3227-3246.

Rochette P, Desjardins R, Pattey E, 1991. Spatial and temporal variability of soil respiration in agricultural fields [J]. Canadian Journal of Soil Science, 71 (2): 189-196.

Running S W, 2004. A continuous satellite-derived measure of global terrestrial primary production [J]. Bioscience, 54 (6): 547-560.

Saito M, Miyata A, Nagai H, et al., 2005. Seasonal variation of carbon dioxide exchange in rice paddy field in Japan [J]. Agricultural and Forest Meteorology, 135 (1-4): 93-109.

Sampson D, 2006. Fertilization effects on forest carbon storage and exchange, and net primary production: A new hybrid process model for stand management [J]. Forest Ecology and Management, 221 (1-3): 91-109.

Schemske D W, Horvitz C C, 1988. Plant-animal interactions and fruit production in a neotropical herb: A path analysis [J]. Ecology, 69 (4): 1128-1137.

Schmid H P, 1993. Source areas for scalar and scalar fluxes [J]. Bound Layer Meteorol. Boundary-Layer Meteorology, 67 (3): 293-318.

Schmidt M, Reichenau T G, Fiener P, et al., 2012. The carbon budget of a winter wheat field: An eddy covariance analysis of seasonal and inter-annual variability [J]. Agricultural and Forest Meteorology, 165: 114-126.

Shao J, 2016. Direct and indirect effects of climatic variations on the interannual variability in net ecosystem exchange across terrestrial ecosystems [J]. Tellus B: Chemical and Physical Meteorology, 68 (1): 30575.

Sheehy J, Regina K, Alakukku L, et al., 2015. Impact of no-till and reduced tillage on aggregation andaggregate-associated carbon in Northern European agroecosystems [J].

Soil and Tillage Research, 150: 107-113.

Siegenthaler U, Sarmiento J L, 1993. Atmospheric carbon dioxide and the ocean [J]. Nature, 365 (6442): 119-125.

Sims D A, 2005. Midday values of gross CO_2 flux and light use efficiency during satellite overpasses can be used to directly estimate eight-day mean flux [J]. Agricultural and Forest Meteorology, 131 (1-2): 1-12.

Stoy P C, 2013. A data-driven analysis of energy balance closure across FLUXNET research sites: The role of landscape scale heterogeneity [J]. Agricultural and Forest Meteorology, 171: 137-152.

Sugiharto B, Miyata K, Nakamoto H, et al., 1990. Regulation of expression of carbon-assimilating enzymes by nitrogen in maize leaf [J]. Plant Physiology, 92 (4): 963-969.

Suyker A, 2004a. Growing season carbon dioxide exchange in irrigated and rainfed maize [J]. Agricultural and Forest Meteorology, 124 (1-2): 1-13.

Suyker A E, Verma S B, 1993. Eddy correlation measurement of CO_2 flux using a closed-path sensor: Theory and field tests against an open-path sensor [J]. Boundary-Layer Meteorology, 64: 391-407.

Suyker A E, Verma S B, 2012. Gross primary production and ecosystem respiration of irrigated and rainfed maize-soybean cropping systems over 8 years [J]. Agricultural and Forest Meteorology, 165: 12-24.

Suyker A E, 2004b. Growing season carbon dioxide exchange in irrigated and rainfed maize [J]. Agricultural and Forest Meteorology, 124 (1): 1-13.

Suyker A E, Verma S B, Burba G G, et al., 2005. Gross primary production and ecosystem respiration of irrigated maize and irrigated soybean during a growing season [J]. Agricultural and Forest Meteorology, 131 (3-4): 180-190.

Tanner C B, Thurtell G W, 1969. Anemoclnometer Measurments of reynolds stress and heat transport in the atmospheric surface layer.

Tans P P, Fung I Y, Takahashi T, 1990. Observational contrains on the global atmospheric CO_2 budget [J]. Science, 247 (4949): 1431-1438.

Thompson M V, Randerson J T, Malmström C M, et al., 1996. Change in net primary production and heterotrophic respiration: How much is necessary to sustain the terrestrial carbon sink [J]. Global Biogeochemical Cycles, 10 (4): 711-726.

Tian H, Melillo J, Kicklighter D, et al., 1999. The sensitivity of terrestrial carbon storage to historical climate variability and atmospheric CO_2 in the United States [J]. Tellus B: Chemical and Physical Meteorology, 51 (2): 414-452.

Tingey D T, 2007. Elevated temperature, soil moisture and seasonality but not CO_2 affect canopy assimilation and system respiration in seedling Douglas-fir ecosystems [J]. Agricultural and forest meteorology, 143 (1-2): 30-48.

Tong X, 2007. Mechanism and bio-environmental controls of ecosystem respiration in a cropland in the North China plains [J]. New Zealand journal of agricultural Research, 50 (5): 1347-1358.

Uchijima Z, Seino H, 1985. Agroclimatic evaluation of net primary productivity of natural vegetations (1) Chikugo model for evaluating net primary productivity [J]. Journal of Agricultural Meteorology, 40 (4): 343-352.

Ustin S L, Roberts D A, Gamon J A, et al., 2004. Using imaging spectroscopy to study ecosystem processes and properties [J]. BioScience, 54 (6): 523-534.

Van W M, Bouten W, 1999. Water and carbon fluxes above European coniferous forests modelled with artificial neural networks [J]. Ecological Modelling, 120 (2-3): 181-197.

Verma S B, 2005. Annual carbon dioxide exchange in irrigated and rainfed maize-based agroecosystems [J]. Agricultural and Forest Meteorology, 131 (1): 77-96.

Vitale L, Di T P, Urso G, et al., 2016. The response of ecosystem carbon fluxes to LAI and environmental drivers in a maize crop grown in two contrasting seasons [J]. International journal of biometeorology, 60: 411-420.

Wagle P, Gowda P H, Anapalli S S, et al., 2017. Growing season variability in carbon dioxide exchange of irrigated and rainfed soybean in the southern United States [J]. Science of the Total Environment, 593: 263-273.

Wang W, Liao Y, Wen X, et al., 2013. Dynamics of CO_2 fluxes and environmental responses in the rain-fed winter wheat ecosystem of the Loess Plateau, China [J]. Science of the Total Environment, 461: 10-18.

Wang X, 2011. Spring temperature change and its implication in the change of vegetation growth in North America from 1982 to 2006 [J]. Proceedings of the National Academy of Sciences, 108 (4): 1240-1245.

Waston R T, Verardo D J, 2000. Land-use change and forest [M]. Cambridge University Press.

Watanabe T, Yamanoi K, Yasuda Y, 2000. Testing of the bandpass eddy covariance method for a long-term measurement of water vapour flux over a forest [J]. Boundary-layer meteorology, 96 (3): 473-491.

Webb E K, Pearman G I, Leuning R, 1980. Correction of flux measurements for density effects due to heat and water vapour transfer [J]. Quarterly Journal of the Royal Meteorological Society, 106 (447): 85-100.

Wiesmeier M, 2014. Quantification of functional soil organic carbon pools for major soil units and land uses in southeast Germany (Bavaria) [J]. Agriculture, ecosystems & environment, 185: 208-220.

Williams I N, Riley W J, Kueppers L M, et al., 2016. Separating the effects of phenology and diffuse radiation on gross primary productivity in winter wheat [J]. Journal of Geophysical Research: Biogeosciences, 121 (7): 1903-1915.

Wilson K, 2002. Energy balance closure at FLUXNET sites [J]. agricultural and forest meteorology, 113 (1): 223-243.

Wohlfahrt G, 2008. Biotic, abiotic, and management controls on the net ecosystem CO_2 exchange of European mountain grassland ecosystems [J]. Ecosystems, 11: 1338-1351.

Wu C, 2012. Interannual variability of net carbon exchange is related to the lag between the end-dates of net carbon uptake and photosynthesis: Evidence from long records at two contrasting forest stands [J]. Agricultural and Forest Meteorology, 164: 29-38.

Xiao X, 2004. Satellite-based modeling of gross primary production in an evergreen needleleaf forest [J]. Remote sensing of environment, 89 (4): 519-534.

Xu L, Baldocchi D D, Tang J, 2004. How soil moisture, rain pulses, and growth alter the response of ecosystem respiration to temperature [J]. Global Biogeochemical Cycles, 18 (4).

Xu M, Qi Y, 2001. Spatial and seasonal variations of Q 10 determined by soil respiration measurements at a Sierra Nevadan forest [J]. Global Biogeochemical Cycles, 15 (3): 687-696.

Yamamoto S, Murayama S, Saigusa N, et al., 1999. Seasonal and inter-annual variation of CO_2 flux between a temperate forest and the atmosphere in Japan [J]. Tellus B: Chemical and Physical Meteorology, 51 (2): 402-413.

Yan H, Wang S Q, Wang J B, et al., 2020. Changes of Light Components and Impacts on Interannual Variations of Photosynthesis in China Over 2000-2017 by Using a Two-Leaf Light Use Efficiency Model [J]. Journal of Geophysical Research: Biogeosciences, 125 (12): e2020JG005735.

Yan W, Zhong Y, Liu W, et al., 2021. Asymmetric response of ecosystem carbon components and soil water consumption to nitrogen fertilization in farmland [J]. Agriculture, Ecosystems & Environment, 305: 107166.

Yang X, 2019. Impacts of diffuse radiation fraction on light use efficiency and gross primary production of winter wheat in the North China Plain [J]. Agricultural and Forest Meteorology, 275: 233-242.

Yuan W, 2007. Deriving a light use efficiency model from eddy covariance flux data for predicting daily gross primary production across biomes [J]. Agricultural and Forest Meteorology, 143 (3-4): 189-207.

Zhang B C, 2011a. Effects of cloudiness on carbon dioxide exchange over an irrigated maize cropland in northwestern China [J]. Biogeosciences Discussions, 8 (1): 1669-1691.

Zhang H L, Lal R, Zhao X, et al., 2014. Opportunities and challenges of soil carbon sequestration by conservation agriculture in China [J]. Advances in agronomy, 124: 1-36.

Zhang J, Nie E, Xiang C, 2009. Classification and ordination of subalpine meadows in Wutai Mountains by artificial neural network methods [J]. Acta Prataculturae Sinica, 18 (4): 35.

Zhang Q, 2020. Decadal variation in CO_2 fluxes and its budget in a wheat and maize rotation cropland over the North China Plain [J]. Biogeosciences, 17 (8): 2245-2262.

Zhang W, 2007. Biophysical regulations of carbon fluxes of a steppe and a cultivated cropland in semiarid Inner Mongolia [J]. Agricultural and Forest Meteorology, 146 (3-4): 216-229.

Zhang W, 2011b. Underestimated effects of low temperature during early growing season on carbon sequestration of a subtropical coniferous plantation [J]. Biogeosciences, 8 (6): 1667-1678.

蔡旭，张凤华，杨海昌，2016. 新疆高产棉田生态系统 NEE 变化及其影响因素 [J]. 干旱区资源与环境，30 (7)：59-64.

陈泮勤，王效科，王礼茂，2008. 中国陆地生态系统碳收支与增汇对策 [M]. 北京：科学出版社.

窦兆一，2009. 涡度相关法观测数据的质量评价和质量控制 [D]. 咸阳：西北农林科技大学.

郭家选，李玉中，梅旭荣，2006. 冬小麦农田尺度瞬态 CO_2 通量与水分利用效率日变化及影响因素分析 [J]. 中国生态农业学报 (3)：78-81.

黄萍，黄春长，2000. 全球增温与碳循环 [J]. 陕西师范大学学报（自然科学版）(2)：104-109.

李俊，2006. 华北平原农田生态系统碳交换及其环境调控机制 [J]. 中国科学. D辑：地球科学 (S1)：210-223.

李琪，2009. 淮河流域典型农田生态系统碳通量变化特征 [J]. 农业环境科学学报，28 (12)：2545-2550.

李双江，2007. 黄土塬区麦田 CO_2 通量季节变化 [J]. 生态学报 (5)：1987-1992.

梁涛，2012. 玉米农田生态系统 CO_2 通量的动态变化 [J]. 气象与环境学报，28 (3)：

49-53.

林同保，王志强，宋雪雷，等，2008. 冬小麦农田二氧化碳通量及其影响因素分析 [J]. 中国生态农业学报 (6)：1458-1463.

刘畅，王晓锐，付尧，等，2018. 昆明市瞬时热力场空间格局及动态变化 [J]. 林业与环境科学，34 (2)：32-37.

刘沛荣，2022. 散射辐射对中国东部典型人工林总初级生产力的影响 [J]. 植物生态学报，46 (8)：904-918.

刘昱，陈敏鹏，陈吉宁，2015. 农田生态系统碳循环模型研究进展和展望 [J]. 农业工程学报，31 (3)：1-9.

刘泽麟，2010. 人工神经网络在全球气候变化和生态学中的应用研究 [J]. 科学通报 (31)：2987-2997.

米娜，于贵瑞，温学发，等，2006. 中国通量观测网络 (ChinaFLUX) 通量观测空间代表性初步研究 [J]. 中国科学. D辑：地球科学 (S1)：22-33.

米湘成，马克平，邹应斌，2005. 人工神经网络模型及其在农业和生态学研究中的应用 [J]. 植物生态学报，29 (5)：863.

潘启元，1992. 谈谈覆盖作物 [J]. 甘肃农业科技 9：6-8.

朴世龙，方精云，黄耀，2010. 中国陆地生态系统碳收支 [J]. 中国基础科学，12 (2)：20-22.

朴世龙，何悦，王旭辉，等，2022. 中国陆地生态系统碳汇估算：方法、进展、展望 [J]. 中国科学：地球科学，52 (06)：1010-1020.

秦大河，2005. 中国气候与环境演变评估 (I)：中国气候与环境变化及未来趋势 [J]. 气候变化研究进展 (01)：4-9.

任国玉，2002. 全球气候变化研究现状与方向 [R]. 大气科学发展战略——中国气象学会第25次全国会员代表大会暨学术年会，84-89.

沈永平，王国亚，2013. IPCC 第一工作组第五次评估报告对全球气候变化认知的最新科学要点 [J]. 冰川冻土，35 (5)：1068-1076.

史桂芬，成林，张志红，2020. 华北平原冬小麦灌浆期 CO_2 通量特征及影响因素 [J]. 气象与环境科学，43 (4)：65-71.

苏荣瑞，2012. 江汉平原稻-油连作系统冠层 CO_2 通量变化特征［J］. 中国农业气象，33（3）：362-367.

孙宝龙，2020. 长期少免耕对中国东北玉米农田土壤呼吸及碳氮变化的影响［J］. 玉米科学，28（6）：107-115.

孙小祥，常志州，杨桂山，等，2015. 长三角地区稻麦轮作生态系统净碳交换及其环境影响因子［J］. 中国生态农业学报，23（7）：803-811.

陶波，葛全胜，李克让，等，2001. 陆地生态系统碳循环研究进展［J］. 地理研究（5）：564-575.

王绍武，龚道溢，2001. 对气候变暖问题争议的分析［J］. 地理研究（2）：153-160.

王希群，马履一，贾忠奎，等，2005. 叶面积指数的研究和应用进展［J］. 生态学杂志（5）：537-541.

王永前，2008. 利用遥感数据分析青藏高原水热条件对叶面积指数的影响［J］. 国土资源遥感，4.

王志强，王俊哲，辛泽毓，等，2015. 华北平原夏玉米农田 CO_2 通量与光合特性及主要环境因素的关系［J］. 华北农学报，30（3）：117-122.

吴东星，2018. 华北平原冬小麦农田生态系统 CO_2 通量特征及其影响因素［J］. 应用生态学报，29（3）：827-838.

修丽娜，刘湘南，2003. 人工神经网络遥感分类方法研究现状及发展趋势探析［J］. 遥感技术与应用，18（5）：339-345.

徐昔保，杨桂山，孙小祥，2015. 太湖流域典型稻麦轮作农田生态系统碳交换及影响因素［J］. 生态学报，35（20）：6655-6665.

杨晓亚，李俊，江晓东，等，2018. 散射辐射比例与冬小麦光能利用率和总初级生产力的关系［J］. 中国农业气象，39（7）：462-467.

叶昊天，姜海梅，李荣平，2022. 中国东北地区玉米农田生态系统生长季碳交换研究［J］. 玉米科学，30（1）：77-85，92.

尹春梅，谢小立，王凯荣，2008. 稻草覆盖对冬闲稻田二氧化碳通量的影响［J］. 应用生态学报（1）：115-119.

于贵瑞，伏玉玲，孙晓敏，等，2006. 中国陆地生态系统通量观测研究网络

（ChinaFLUX）的研究进展及其发展思路［J］. 中国科学. D 辑：地球科学（S1）：1-21.

于贵瑞，张雷明，孙晓敏，等，2004. 亚洲区域陆地生态系统碳通量观测研究进展［J］. 中国科学（D 辑：地球科学）（S2）：15-29.

张雷明，2019. 2003—2005 年中国通量观测研究联盟（ChinaFLUX）碳水通量观测数据集［DS］. 中国科学数据：中英文网络版，4（1）：17.

张蕾，2014. 张掖灌区玉米农田生态系统 CO_2 通量的变化规律和环境响应［J］. 生态学杂志，33（7）：1722-1728.

赵辉，朱盛强，刘贞，等，2021. 基于涡度相关技术的农田生态系统碳收支评估［J］. 环境科学学报，41（11）：4731-4739.

周琳琳，丁林凯，阚飞，等，2020. 陇中半干旱区覆膜玉米净碳交换及其影响因素［J］. 灌溉排水学报，39（S1）：7-12.

朱咏莉，2007. 亚热带稻田生态系统 CO_2 通量的季节变化特征［J］. 环境科学（2）：283-288.